高 等 学 校 教 材

工科化学实验 II
有机及物理化学实验

陈明军　李强林　李 诚　主编
蒋珍菊　杨维清　钟 柳　律娅婧　副主编

化学工业出版社
·北 京·

内容简介

《工科化学实验Ⅱ：有机及物理化学实验》将有机化学实验和物理化学实验的基础知识、基本操作、基础实验等内容进行整合，以项目化教学实验进行编写。

全书共分为5章：第1章为化学实验基本知识；第2章为基本实验操作；第3章为典型有机化合物的制备，主要学习常见有机化合物的合成原理、制备方法，分离提纯原理、方法和技术；第4章为项目化教学实验，每个实验项目以接受任务、设计方案，方案汇报与评价，实验操作，总结汇报与评价的形式实施项目化教学，主要实施成果导向与合作学习教学过程；第5章为常见物理常数的测定。所有实验项目均设定明确的价值目标，培养学生基础实验能力的同时，帮助学生建立正确价值观。

本书可作为大化工类和其他工科类专业本科生学习基础化学实验的参考教材，也可供化学化工相关领域的工作人员参考使用。

图书在版编目（CIP）数据

工科化学实验．Ⅱ，有机及物理化学实验/陈明军，李强林，李诚主编．—北京：化学工业出版社，2023.8

ISBN 978-7-122-43444-9

Ⅰ．①工…　Ⅱ．①陈…②李…③李…　Ⅲ．①有机化学-化学实验-高等学校-教材②物理化学-化学实验-高等学校-教材　Ⅳ．①O6-3

中国国家版本馆CIP数据核字（2023）第083394号

责任编辑：马泽林　杜进祥　　　　文字编辑：胡艺艺　杨振美

责任校对：宋　玮　　　　装帧设计：韩　飞

出版发行：化学工业出版社（北京市东城区青年湖南街13号　邮政编码100011）

印　　装：三河市双峰印刷装订有限公司

787mm×1092mm　1/16　印张10¼　彩插1　字数253千字　2023年9月北京第1版第1次印刷

购书咨询：010-64518888　　　　售后服务：010-64518899

网　　址：http://www.cip.com.cn

凡购买本书，如有缺损质量问题，本社销售中心负责调换。

定　　价：32.00元

编写人员名单

主　　编　陈明军　李强林　李　诚

副 主 编　蒋珍菊　杨维清　钟　柳　律娅婧

编写人员　（按拼音字母排序）

陈明军　西华大学
符志成　西华大学
葛轶岑　成都理工大学
胡　嘉　西华大学
蒋珍菊　西华大学
李　诚　成都理工大学
李强林　成都工业学院
廖益均　成都工业学院
刘东芳　西华大学
刘金宇　成都理工大学
律娅婧　西华大学
秦　淼　成都工业学院
任川洪　西华大学
任亚琦　成都工业学院
肖　潇　成都理工大学
肖秀婵　成都工业学院
杨　慧　西华大学
杨维清　西华大学
钟　柳　西华大学

前 言

化学是一门极具活力和创造性的中心学科，是生命、材料、环境、医药、食品、能源、土木、航空航天等众多学科、支柱产业、高新技术的上游学科，一定程度上决定着这些学科、产业和技术的发展层次和水平，在新技术、新产业、新业态、新模式的形成和发展中发挥着基础性和关键性的作用。因此，化学在新工科专业建设中发挥着十分重要的作用。

“工科化学实验”作为大化工类专业本科生和非化学化工类专业但需要学习化学基础实验课程的本科生的一门重要基础实验课程，可锻炼学生利用化学的世界观和方法论去观察、思考和解决工程技术问题的能力，推进新工科人才和交叉复合型人才的培养。本书的编选原则是以学生为主体、项目为主线，循序渐进地加强学生对实验基本方法、基本技能的掌握，强化课程思政育人，为学科交叉和团队合作意识的培养打下坚实基础。

本书在内容设置上主要体现以下特色：

一是以成果导向理念推行项目化教学。通过设置项目化教学实验内容，改革传统教材“老师讲、学生照方抓药、完成实验报告”的实验教学方式，注重学生在完成项目活动中的主观能动性。考核评价方式包括团队协作、方案设计与优化、实验操作、实验结果分析与成果汇报、课后作业等，以过程评价替代传统的实验报告评价，引导学生进行角色扮演、自主学习、交流、辩论和试错，有效地促进学生能动性和创造力的发展。

二是融入课程思政育人元素实现“知行合一”。每个实验项目开始以生产生活实际案例为“实验引入”激发学生兴趣，引导学生将理论知识与生产生活相关联，将化学知识与专业知识相关联。此外，将绿色环保理念、可持续发展理念、社会责任感、科学精神等课程思政育人元素作为每个实验项目教学的价值目标，帮助学生树立正确的世界观、人生观、价值观以及科学的思维模式和分析解决问题的方法，实现“知行合一”。

三是强化实验现象记录。将培养实事求是的作风贯穿全书，在实验项目中列入实验现象记录要求，引导学生主动进行实验，跟踪实验进程，提高学生观察和推理的实验能力，养成良好的实验习惯。

本书由西华大学陈明军、成都工业学院李强林、成都理工大学李诚任主编，蒋珍菊、杨维清、钟柳、律娅婧任副主编。陈明军、蒋珍菊、杨维清、刘东芳、杨慧编写第1章；李强林、李诚、任亚琦、秦淼、肖秀婵、廖益均编写第2章；李诚、陈明军、杨维清、符志成、刘金宇、肖潇、葛轶岑编写第3章；李强林、肖秀婵、任亚琦、廖益均编写第4章；陈明军、钟柳、律娅婧、胡嘉、蒋珍菊、任川洪、秦淼编写第5章。此外，任燕玲、梁庆玲、李玺、刘娅参与了本书的校正和绘图等工作。

本书在编写过程中参考和借鉴了相关的研究论文和实验书籍，从中受到许多启迪和教益，谨在此一并表示最诚挚的感谢！

由于编者能力和水平有限，书中难免存在疏漏之处，恳请各位读者批评指正。

编者

2023年1月

目 录

第1章

化学实验基本知识

1.1 化学实验的基本要求

1.1.1 实验的目的和意义

化学是一门理论与实验并重、富有创造性的中心学科，实验教学在化学相关专业人才培养中发挥着不可替代的基础作用，是培养学生动手能力、科研素养、创新能力和可持续发展能力的重要依托。化学实验也是学生最直观获取化学知识、理解化学原理、形成创新思维的重要途径。因此，化学实验在化学课程学习中具有极其重要的意义。

学生通过学习化学实验需要达到以下三个目标：

① 知识目标　加深学生对理论课中基本原理和基础知识的理解与掌握；

② 技能目标　掌握化学实验的基本操作技能和基础实验方法，培养学生独立思考、动手操作、团队协作、数据分析和规范报告撰写等各方面能力；

③ 价值目标　培养学生实事求是和严谨的科学态度，养成良好的科学习惯和强烈的安全环保意识，践行绿色低碳和可持续发展理念。

1.1.2 实验要求

要达到上述目标，不仅要有端正的学习态度，还要有正确的学习方法。化学实验课的学习主要包含以下三个步骤：

(1) 实验预习　实验课要求学生既要动手做实验，又要动脑思考问题。因此，实验前必须做好预习。提前掌握实验的原理并清楚各个实验步骤，才能使实验顺利进行，达到预期效果。预习时做到以下几点可事半功倍：

① 认真阅读实验教材，并查阅相关书籍和参考资料，深入理解实验原理；

② 查阅化学原料和仪器设备基本信息，熟知各种化学物质的物理化学性质、毒性和应急处理方法；

③ 对照反应原理，整理归纳详细实验操作流程图，重点指出操作要点；

④ 整理预习中的疑难问题和熟知实验注意事项。

(2) 实验操作　学生在老师指导下独立地进行实验是实验课的主要教学环节，也是帮助学生正确掌握实验技能达到培养目标的重要手段。实验过程中需要做到以下几点：

① 确定通风橱、排气扇等安全装置已打开，并穿戴好实验服、护目镜和橡胶手套等个人防护装备。

② 清点仪器及药品，确定所需仪器及药品齐全，并清洗干净所需玻璃仪器，必要时需将玻璃仪器烘干。

③ 根据拟定的实验步骤按需量取药品并搭建实验装置，实验过程需保持桌面整洁有序，并时刻观察实验现象，如实做好实验记录。与此同时，思考实验现象背后的原因，若发现实验结果和理论不符合，必须依照实验事实，并认真分析、查找原因。必要时，可设计对照实验、空白实验等验证实验结果，从中得到有益结论。

④ 实验过程安全第一，所有反应物料都必须清楚其用量、作用、顺序和正确添加方法，所有仪器的使用都必须正确规范。

⑤ 实验结束后，产物按要求回收，随即清理桌面，清洗干净所有仪器并放回原处，同时确保所有药品密封好并按要求存放。检查实验室水电全部关闭，公共卫生全部打扫之后方可登记离开。

(3) 实验报告 实验报告的撰写能够帮助学生将所学知识内化为自己的知识储备，也是培养严谨科学态度、实事求是科学精神的重要手段，应认真对待。实验报告的内容应包括实验目标、实验原理、试剂与仪器、实验步骤和实验现象、结果与讨论、装置图等。对实验结果的分析讨论是实验报告中最重要的一个环节，无论实验结果好坏，都需要深入分析和讨论实验过程和实验结果，得出严谨的实验结论，并能引发思考，举一反三。

1.2 有机和物理化学实验常用仪器介绍

1.2.1 有机化学实验常用玻璃仪器

按照玻璃仪器的用途和结构特征，化学实验室常用的玻璃仪器可分为：烧器类、量器类、瓶类、管棒类、加液器和过滤器类以及其他玻璃仪器等（图 1-1），有些玻璃仪器有多重功能，分类会有交叉。

烧器类是指能直接或间接地进行加热的玻璃仪器，如：烧杯、烧瓶、试管、锥形瓶、碘量瓶、蒸发器、曲颈瓶等。

量器类是指可用于准确或粗略量取液体的玻璃仪器，如：量杯、量筒、容量瓶、滴定管、移液管等。

瓶类是指用于存放固体或液体化学药品、化学试剂、纯水等的容器，如：试剂瓶、广口瓶、细口瓶、称量瓶、滴瓶、洗瓶等。

管棒类玻璃仪器种类繁多，按其用途有冷凝管、分馏管、离心管、比色管、虹吸管、连接管、搅拌棒等。

加液器和过滤器类主要包括各种漏斗及与其配套使用的过滤器具，如：漏斗、分液漏斗、抽滤瓶等。

其他玻璃仪器是指除上述各种玻璃仪器之外的一些玻璃制器皿，如：酒精灯、干燥器、结晶皿、表面皿、研钵、玻璃阀等。

下面就有机化学实验中最为常见的几种玻璃仪器进行详细介绍：

(1) 烧瓶 烧瓶是实验室中使用的有颈玻璃器皿，用来盛液体物质。因可以耐一定的热

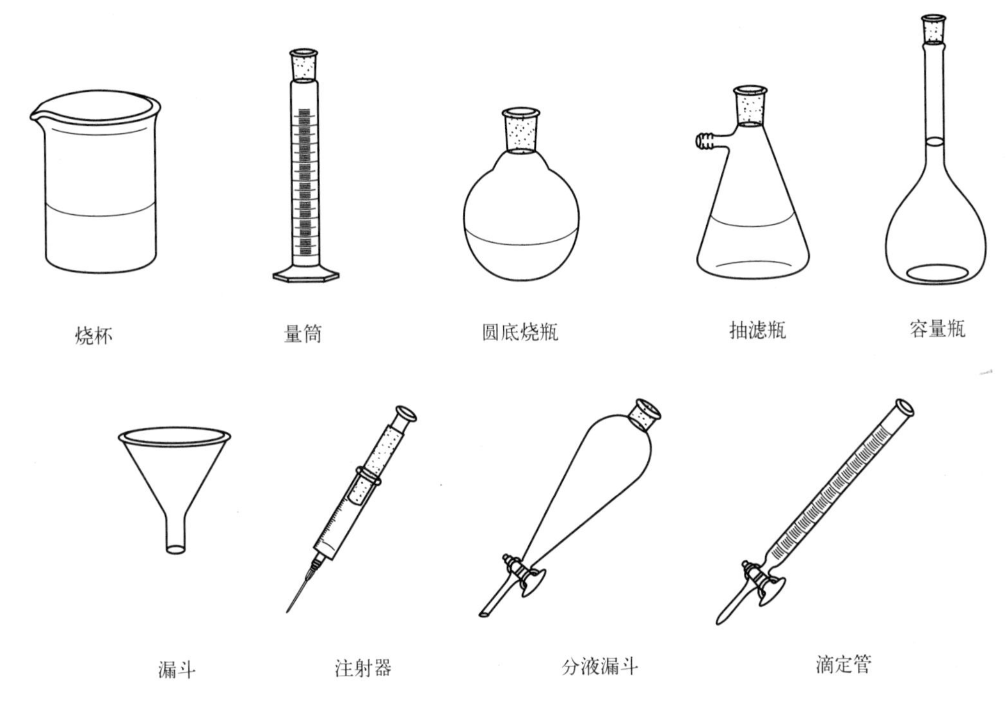

图 1-1 常见普通玻璃仪器

而被称作烧瓶，是试剂量较大而又有液体物质参加反应时使用的容器。烧瓶通常有平底和圆底之分，一般具有圆肚细颈的外观，如图 1-2。

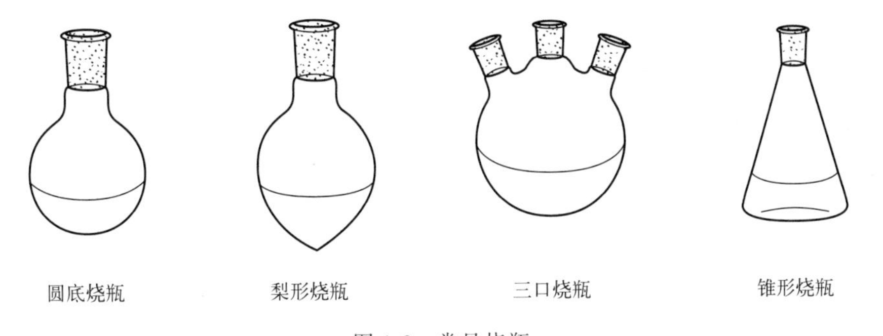

图 1-2 常见烧瓶

① 圆底烧瓶：能耐热和承受反应物（或溶液）沸腾以后所发生的冲击震动，在有机化合物的合成和蒸馏实验中最常使用，也常用作减压蒸馏的接收器。

② 梨形烧瓶：性能和用途与圆底烧瓶相似，它的特点是在合成少量有机化合物时在烧瓶内保持较高的液面，蒸馏时残留在烧瓶中的液体少。

③ 三口烧瓶：常用于需要进行搅拌的实验中，中间瓶口装搅拌器，两个侧口装回流冷凝管和滴液漏斗或温度计等。

④ 锥形烧瓶（简称锥形瓶）：常用于对有机溶剂进行重结晶的操作，或有固体产物生成的合成实验，因为生成的固体物较易于从锥形烧瓶中取出来；通常也用作常压蒸馏实验的接收器，但不能用作减压蒸馏实验的接收器。

（2）漏斗 漏斗是有机化学实验中一种很常见的玻璃仪器，常用于固液分离的过滤、液体与液体的分液、液体缓慢加入等，根据使用目的不同，可分为普通漏斗、分液漏斗、滴液漏斗等，如图 1-3。

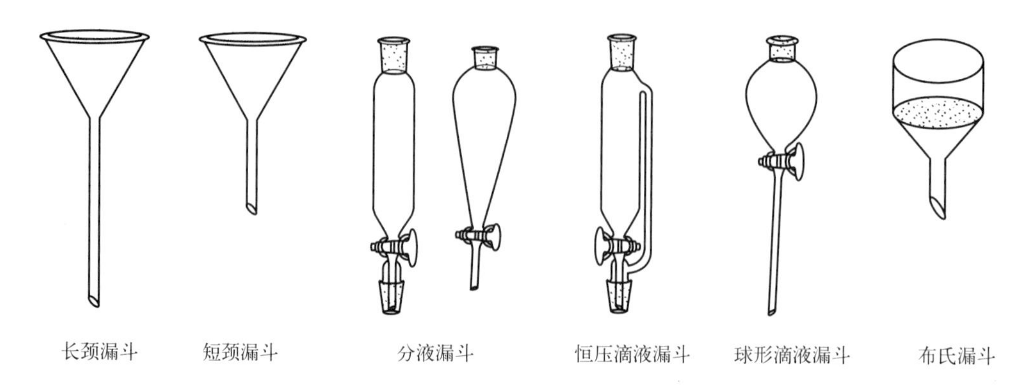

图 1-3 常见漏斗

① 普通漏斗：在普通过滤时使用。

② 分液漏斗：分为梨形和球形两种，用于液体的萃取、洗涤和分离，有时也可用于滴加物料。

③ 滴液漏斗：可以将反应液体逐滴地加入反应器中，并且能够明显地观察滴加的快慢。

④ 恒压滴液漏斗：用于合成反应实验的液体加料操作，也可用于简单的连续萃取操作。

⑤ 布氏漏斗：瓷质的多孔板漏斗，在减压过滤时使用，小型布氏漏斗用于减压过滤少量物质。

（3）温度计 温度计是可以准确地判断和测量温度的工具。根据使用目的，可分为煤油温度计、水银温度计和酒精温度计，如图 1-4。其中，水银温度计是有机反应最常用的温度计之一。因为水银的凝固点是－38.87℃，沸点是 356.7℃，可用来测量 0～150℃或 350℃以内范围的温度。使用水银温度计的注意事项有：①水银球部位的玻璃很薄，容易打破，使用时要特别留心；②不能将温度计当搅拌棒使用；③不能测定超过温度计最高刻度的温度，也不能把温度计长时间放在高温的溶剂中，否则，会使水银球变形乃至读数不准；④温度计用后要让它慢慢冷却，特别在测量高温之后，切不可立即用水冲洗，否则会有水银柱破裂的

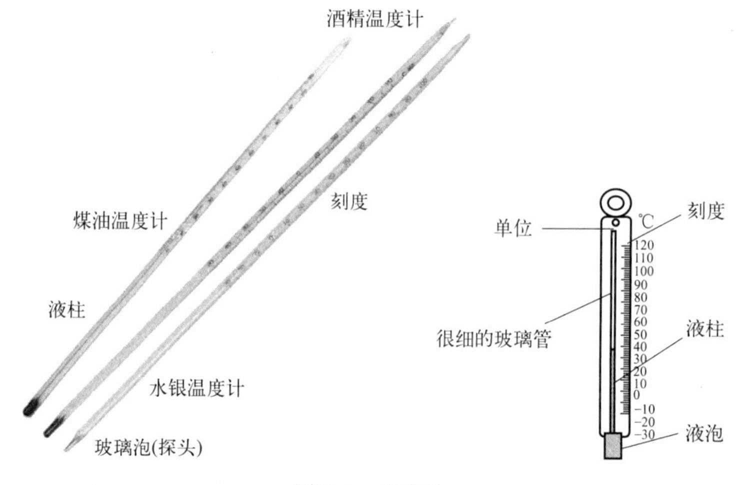

图 1-4 温度计

风险，应悬挂在铁座架上，待冷却后把它洗净抹干，放回温度计盒内；⑤盒底要垫上一小块棉花，如果是纸盒，放回温度计时要检查盒底是否完好；⑥水银温度计打碎后，洒落出来的水银必须立即用滴管、毛刷收集起来，并用水覆盖（最好用甘油），然后在污染处撒上硫黄粉，无液体后（一般约一周时间）方可清扫。

（4）冷凝管　利用热交换原理使冷凝性气体冷却凝结为液体的一种玻璃仪器。主要有直形冷凝管、球形冷凝管、蛇形冷凝管、塔式冷凝管以及空气冷凝管，如图1-5。冷凝管通水方向是下进上出，冷凝效果更好。另外，玻璃管通水后很重，所以装冷凝管时应将夹子夹紧在冷凝管的重心部位，以免翻倒。如内外管都是玻璃质的则不适用于高温蒸馏用。

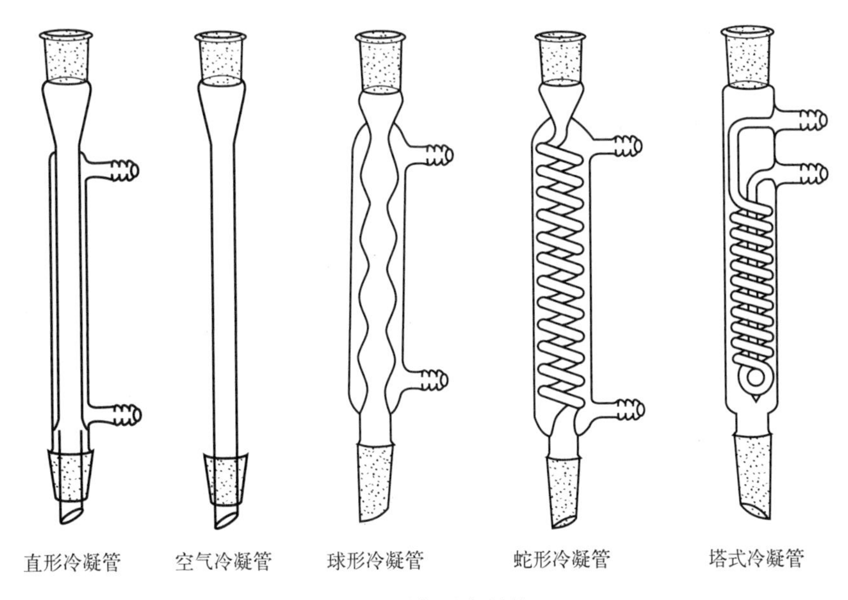

图1-5　常见冷凝管

① 直形冷凝管：蒸馏物质的沸点在140℃以下时，可在夹套内通水冷却，但超过140℃时，冷凝管会在内管和外管的接合处炸裂。

② 空气冷凝管：当蒸馏物质的沸点高于140℃时，常用它代替通冷却水的直形冷凝管。

③ 球形冷凝管：内管为若干个玻璃球连接起来，其内管的冷却面积较大，用于有机实验的回流，适用于各种沸点的液体。

④ 蛇形冷凝管：用于有机化合物制备过程中的回流，适用于沸点较低的液体。

洗刷冷凝管时要用长毛刷，如用洗涤液或有机溶液洗涤时，用软木塞塞住一端。不用时，应直立放置，使之易干。

（5）玻璃仪器接头　在有机合成反应中，常常要将不同功能的玻璃仪器连接起来组成一个完整装置进行使用，不同玻璃仪器之间可以通过具有不同形状和功能的玻璃接头进行连接。以下列举了一些常见的玻璃仪器接头，如图1-6。

玻璃仪器通常分为普通玻璃仪器和标准磨口玻璃仪器两类。两者的区别在于标准磨口玻璃仪器的各个连接口都加工成标准磨口，具有密合性良好、装卸操作方便等优点。

标准磨口玻璃仪器的磨口，采用国际通用的1/10锥度（即磨口每长10个单位，小端直径比大端直径缩小一个单位），由于磨口的标准化、通用化，凡属相同号码的接口可以任意互换，可按需要组装各类实验装置。不同编号的内外磨口则不能直接相连，但可借助于不同

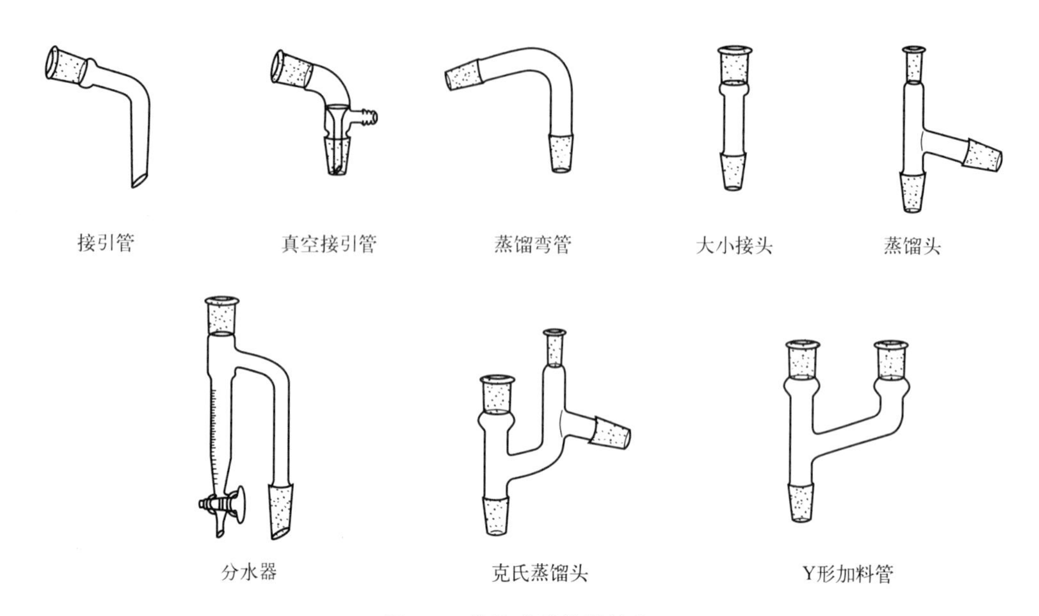

图 1-6 常见玻璃仪器接头

编号的磨口接头而相互连接。常用标准磨口有 10、14、19、24、29、34、40、50 等多种。如“14/30”即表示磨口大端直径为 14mm，磨口长度为 30mm。

使用磨口仪器应注意以下几点：

① 磨口必须保持洁净，若粘有固体杂物会使磨口对接不严密，导致漏气；若有硬质杂物，甚至会损坏磨口。

② 使用时，磨口一般不涂润滑剂，以免污染反应物或产物。若反应中有强碱，则应涂润滑剂，以免磨口连接处因碱腐蚀而无法拆开。减压蒸馏时，磨口应涂真空脂，以免漏气。

③ 安装实验装置时，要求端正、紧密、整齐、稳妥，使磨口不受歪斜的应力导致仪器损坏。

④ 实验完毕，立即拆卸、洗净、晾干并分开存放。如分液漏斗，在放置不使用期间应在活塞处垫张小纸条或涂油保存，否则若长期放置，磨口连接处常会粘牢，难以拆开。

1.2.2 物理化学实验常用仪器

（1）热敏电阻温度计　由于汞的热膨胀与温度之间并非严格的线性，再加上大量汞所带来的安全隐患，所以本书的物理化学实验中所采用的大多数温度计为热敏电阻温度计。热敏电阻是用 Fe、Ni、Mn、Mo、Ti、Mg、Cu 等金属氧化物熔接而成。这些材料的电阻率随着温度变化而变化，故测量电阻即可方便获得体系温度。在实际的测量部件中，这些氧化物熔接为珠状，小珠外表被一层玻璃膜保护，由两根细导线引出，外套玻璃保护管以提高整体稳定性，全装置如图 1-7 所示。

该温度计的好处是：本身电阻大，所以由导线和接点引起的电阻可以忽略，并且其构造简单，反应迅速，热惰性小，适合于燃烧热、溶剂热、凝固点降低等实验。

但是，由于热敏电阻的数值并非随温度变化呈严格线性，为了提高装置的灵敏度，人们设计了图 1-7 所示的交流电桥。生产商通过调整图中各电阻，预先将其校准。经实验检验，其与精确的贝克曼温度计的相对误差小于 1%。

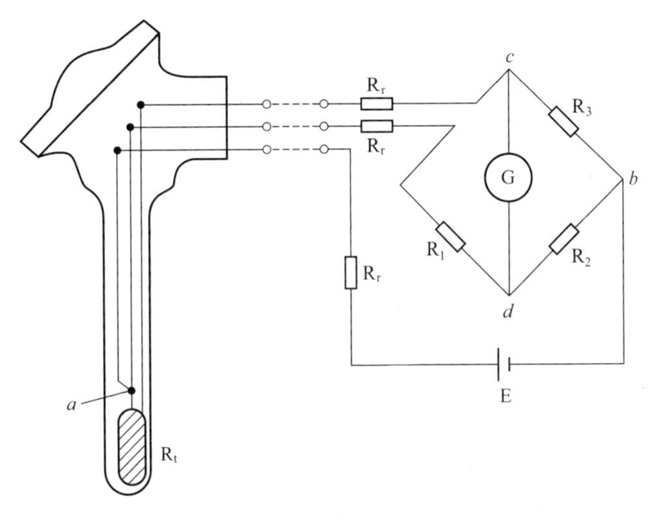

图 1-7 热敏电阻温度计示意图（R_t 为测量探头所在位置）

（2）恒温槽 在本书的液体饱和蒸气压的测定、蔗糖水解速率的测定等诸多实验中，均需要使用恒温槽。这些实验所控制的温度略高于室温，且相差不大。因此，采用敞口大玻璃缸作为槽体。整体装置如图 1-8。

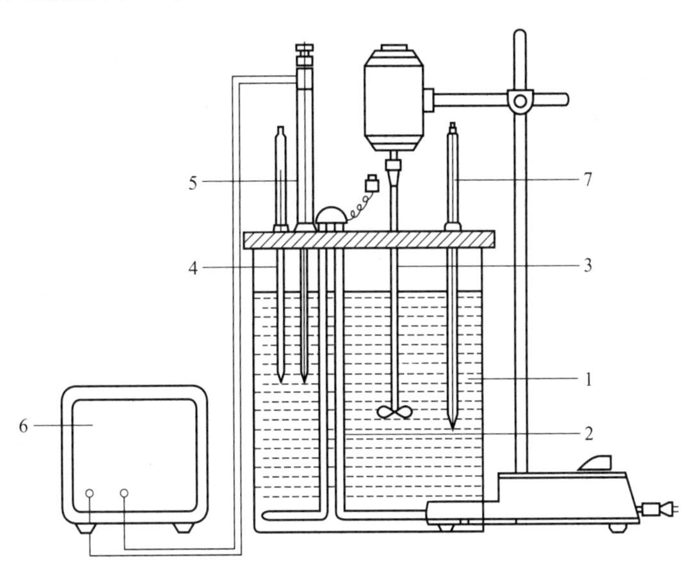

图 1-8 恒温槽示意图

1—浴槽；2—加热器；3—搅拌器；4—温度计；5—电接点温度计；
6—继电器；7—贝克曼温度计

恒温槽的简单原理是：当所控温度高于现有温度的时候，温度传感器将命令加热器加热，而当槽温升高至指定温度后，则命令其停止加热。由于加热器存在热容，有一定热惰性，故槽温会在一个微小区间内上下波动。

为了实现温度自动控制，实验中通常采用汞定温度计，如图 1-9。当槽温低于设置温度时，汞柱与钨丝断开，此时，图 1-9 中的继电器控制加热器处于通路，体系升温。当槽温达到或高于设置温度时，汞柱接触钨丝，此时，继电器控制加热器处于断路，体系不再加热。

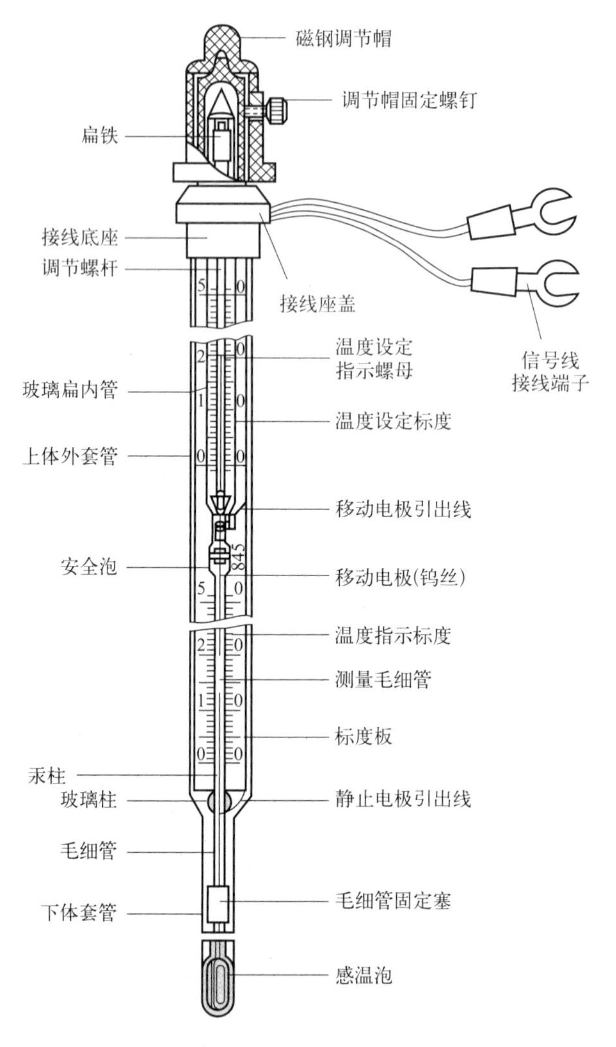

图 1-9　汞定温度计示意图

（3）负压传感器　在本书的饱和蒸气压、表面张力等诸多实验中，涉及了负压传感器的使用。这种传感器构造如图 1-10。

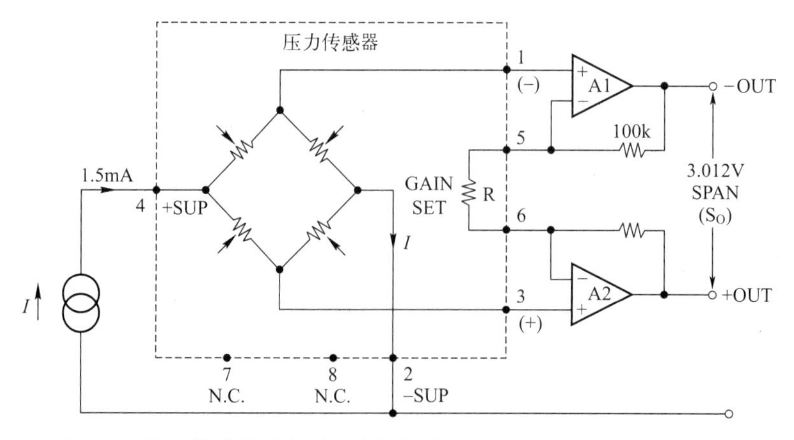

图 1-10　负压传感器示意图（虚线框中的 GAIN SET 即为压敏电阻）

其基本原理是某些材料，如硅、锗等半导体，在受到外界压力时，其电阻将发生变化。为了提高体系的灵敏度，如同前文提及的温度传感器，这里也使用了惠斯登电桥。根据精确的U形水银气压计对其标定，测量精度可达±66Pa，完全可以满足实验的需求。

1.3 干燥技术的基本知识

1.3.1 玻璃仪器的干燥

有机化学实验往往要使用干燥的玻璃仪器，故要养成在每次实验后，马上把玻璃仪器洗净和倒置使之干燥的习惯。干燥玻璃仪器的方法有下列几种。

（1）自然风干　自然风干是指把已洗净的仪器放沥水架上自然风干，这是实验室常用的比较简单的干燥玻璃仪器的方法。但必须注意，如玻璃仪器洗得不够干净，则水珠不易流下，干燥较为缓慢。洗净的标志是：玻璃仪器的器壁上，不应附着有不溶物或油污，装着水把它倒转过来，水顺着器壁流下，器壁上只留下一层既薄又均匀的水膜，不挂水珠。

（2）烘干　把玻璃仪器放入鼓风干燥箱内烘干。仪器口横放或向上，带有磨砂口玻璃塞的仪器，必须取出活塞才可烘干，干燥箱内的温度保持105℃左右为宜。烘干后，需自然冷却至室温方可使用，避免烫伤和骤降温度导致玻璃仪器破裂。

（3）吹干　采用压缩空气、气流烘干器或吹风机把玻璃仪器吹干。

1.3.2 液体的干燥

液体有机物干燥的方法大致有物理干燥法（不加干燥剂）和化学干燥法（加入干燥剂）。物理干燥法利用分馏、吸收过程，除去多余水分。化学干燥法是在有机液体中加入干燥剂，干燥剂与水起化学反应，同水结合生成水化物，从而除去有机液体所含的水分，达到干燥的目的。用这种方法干燥时，有机液体中所含的水分不宜太多。否则，需使用大量的干燥剂，从而使有机液体被干燥剂吸附而造成大量损失。

（1）物理干燥法

① 分馏法。可溶于水但不形成共沸物的有机液体可用分馏法干燥。

② 共沸蒸馏法。许多有机液体可与水形成二元最低共沸物，可用共沸蒸馏法除去其中的水分。当共沸物的沸点与其有机组分的沸点相差不大时，可采用分馏法除去含水的共沸物，以获得干燥的有机液体。如工业酒精的提纯。

③ 分子筛。分子筛是一类人工制作的多孔性固体，应用最广泛的是沸石分子筛，它是一种铝硅酸盐的结晶，内部有大量微孔。直接浸入待干燥液体中密封放置一段时间后过滤，可通过分子筛的物理吸附过程除去有机液体中的少量水分或其他溶剂。

（2）化学干燥法

① 无水氯化钙。无水氯化钙具有价格便宜、吸水能力强、干燥速度快的优点，是实验室最常用的干燥剂之一，与水化合可生成一、二、四或六水化合物（在30℃以下）。因为能形成络合物，它只适于烃类、卤代烃、醚、烯、硝基化合物类等有机物的干燥，不适于醇、胺和某些醛、酮、酯等有机物的干燥，也不宜用作酸（或酸性液体）的干燥剂。

② 无水硫酸镁。无水硫酸镁是白色粉末状物质，吸水后形成不同数目结晶水的硫酸镁，最终产物为$MgSO_4 \cdot 7H_2O$（48℃以下）。由于其吸水较快、对各种有机物均不起化学反应，故为常用干燥剂，特别是不能用无水氯化钙干燥的有机物常用它来干燥。

③ 无水硫酸钠。无水硫酸钠的用途和无水硫酸镁相似，价廉，与水结合生成 $Na_2SO_4 \cdot 10H_2O$（37℃以下），但干燥能力比无水硫酸镁差一些。当有机物含水较多时，常先用本品处理后再用其他干燥剂进一步干燥。

④ 无水碳酸钾。无水碳酸钾是一种白色粉末，属于碱性干燥剂。其吸水能力一般，与水生成 $K_2CO_3 \cdot 2H_2O$，且与水作用较慢。适用于干燥醇、酯、酮、腈类等中性有机物和一般的有机碱性物质如胺、生物碱等。但不适用于酸类、酚类或其他酸性物质。

⑤ 氧化钙。氧化钙是碱性干燥剂，与水作用后生成不溶性的 $Ca(OH)_2$，对热稳定，故在蒸馏前不必滤除。氧化钙价格便宜、来源方便，实验室常用它来处理 95%的乙醇，以制备 99%的乙醇。但不能用于干燥酸性物质或酯类。

⑥ 金属钠。使用金属钠对液体进行干燥时，需要先用无水氯化钙或硫酸镁将较多水分除去，剩下的微量水分可加入金属钠丝或金属钠薄片除去。但金属钠不适用能与碱起反应或易被还原的有机物的干燥，如醇、酯、酸、有机卤代物、醛、酮及某些胺等物质。

各类有机物的常用干燥剂如表 1-1 所示。

表 1-1　各类有机物的常用干燥剂

液态有机化合物	适用的干燥剂
醚类、烷烃、芳烃	$CaCl_2$、Na
醇类	K_2CO_3、$MgSO_4$、Na_2SO_4、CaO
醛类	$MgSO_4$、Na_2SO_4
酮类	$MgSO_4$、Na_2SO_4、K_2CO_3
酸类	$MgSO_4$、Na_2SO_4
酯类	$MgSO_4$、Na_2SO_4、K_2CO_3
卤代烃	$CaCl_2$、$MgSO_4$、Na_2SO_4
有机碱类(胺类)	K_2CO_3、CaO

1.3.3 固体试剂的干燥

固体试剂有机物在结晶（或沉淀）滤集过程中常吸附一些水分或有机溶剂。干燥时应根据被干燥有机物的特性和欲除去的溶剂性质选择合适的干燥方式。

（1）自然晾干　对于那些热稳定性较差且不吸潮的固体有机物，或当结晶中吸附有易燃的挥发性溶剂如乙醚、石油醚、丙酮等时，可以放在空气中晾干（盖上滤纸以防灰尘落入）。

（2）红外线干燥　红外灯和红外干燥箱是实验室中常用的干燥固体物质的器具。它们都是利用红外线穿透能力强的特点，使水分或溶剂从固体内蒸发出来，干燥速度较快。红外灯通常与变压器联用，根据被干燥固体的熔点高低来调整电压，控制加热温度以避免因温度过高而造成固体的熔融或升华。用红外灯干燥时应注意经常翻搅固体，这样既可加速干燥，又可避免“烤焦”。

（3）烘箱干燥　烘箱多用于对无机固体的干燥，特别是用于对干燥剂、吸附剂如硅胶、氧化铝等的焙烘或再生。熔点高的不易燃有机固体也可用烘箱干燥，但必须保证其中不含易燃溶剂，而且要严格控制温度以免造成熔融或分解。

（4）真空干燥箱干燥　当被干燥的物质为熔点比较低，或受热时易分解，或易升华的固体有机化合物时，可采用真空干燥箱。其优点是使样品维持在一定的温度和负压下进行干燥，干燥效率较高。

（5）干燥器干燥　凡易吸潮或在高温干燥时易分解、变色的固体物质，可置于干燥器中干燥。用干燥器干燥时需使用干燥剂。干燥剂与被干燥固体同处于一个密闭的容器内，但不相互接触，固体中的水或溶剂分子缓缓挥发出来并被干燥剂吸收。常用的干燥剂有变色硅胶、无水氯化钙、五氧化二磷。

（6）冷冻干燥　冷冻干燥利用了冰晶升华的原理，是在高度真空的环境下，将已冻结物料的水分不经过冰的融化直接从冰固体升华为蒸汽，使物料脱水的干燥技术。因此，冷冻干燥又称为冷冻升华干燥。其主要优点是干燥后的物料保持原来的化学组成和物理性质（如多孔结构、胶体性质等）。其缺点是费用较高，且干燥效率较低。

1.4 色谱分离技术基本知识

色谱法（chromatography）又称层析法，是有机化合物分离、分析的重要方法之一。色谱法的基本原理是利用混合物中各组分化学和物理性质的差异，使之不同程度地分布在两相中。利用混合物中各组分在某一物质中的吸附、溶解性能的不同或其他亲和作用性能的差异，在混合物的溶液流经该种物质时，通过反复的吸附或分配作用，将各组分分开。流动的混合物溶液称为流动相，固定的物质称为固定相。如果化合物和固定相的作用较弱，那它将在流动相的冲洗下较快地从层析体系中流出来；反之化合物和固定相的作用较强，它将较慢地从层析体系中流出来。

色谱法根据操作条件的不同，可分为柱色谱、纸色谱、薄层色谱、气相色谱及高效液相色谱等类型；按其作用原理不同又可分为吸附色谱、分配色谱、离子交换色谱和凝胶渗透色谱。有机化学实验常用的有薄层色谱、柱色谱和纸色谱。

有机化学中色谱法主要用于：①监测化学反应进行的程度；②对一些结构和性质相似的混合物进行分离纯化；③已知试样为参照物，测定 R_f 值（比移值）判断未知试样与已知试样是否为同一化合物；④确定化合物的纯度。根据实验目标的不同，实际操作中要把握好速度、分离度与分析样品量的关系。

1.4.1 薄层色谱

薄层色谱（thin layer chromatography）常用 TLC 表示，是一种微量、快速而简单的分离分析方法，它展开时间短（几十分钟可达到分离目的），分离效果高（可达到 300～4000 块理论塔板数），需要样品少（少到 10^{-8}g）。一方面适用于小量样品（几十微克）的分离；另一方面若在制作薄层色谱板时把吸附层加厚，将样品点成一条线，则可分离多达 500mg 的样品，因此又可用来精制样品。薄层色谱特别适用于挥发性较低或在高温下易发生变化而不能用气相色谱进行分离的化合物，广泛应用于分离无机、有机、生化等样品。

薄层色谱通常是在洗涤干净的方形玻璃板上均匀地涂一层吸附剂或支持剂，待干燥、活化后，将样品溶液用管口平整的毛细管点加于薄层色谱板一端，置薄层色谱板于盛有展开剂（流动相）的展开槽内，待展开剂前沿接近顶端时，将薄层色谱板取出，停止展开，干燥后用适当的方法显色，如喷显色剂，或在紫外灯下显色。该法设备简单、快速简便、选择性强。它不仅适用于有机物的鉴定、纯度的检验、定量分离和反应过程的监控，而且还常用于柱色谱的先导，即在大量分离之前，先用薄层色谱进行探索，初步了解混合物的组成情况，寻找适宜的分离条件（如洗脱剂）。

各组分对吸附剂的吸附能力及在展开剂中的溶解能力不同导致溶质在薄层色谱板上的展开高度不同，将溶质斑点上升的高度与展开剂上升的高度之比称为该化合物的 R_f 值（比移值）：

$$R_f=\frac{\text{溶质的最高浓度中心至原点中心的距离}}{\text{溶剂前沿至原点中心的距离}}$$

因为同一物质在相同的实验条件下才具有相同的 R_f 值，所以在利用薄层色谱分离与鉴定各种化合物时，为了得到重复和较可靠的结果，必须严格控制条件，如吸附剂和展开剂的种类、色谱温度等。在测定时，最好用标准物质进行对照。

薄层色谱操作包括以下几个方面。

（1）薄层色谱的吸附剂选择　薄层色谱最常用的吸附剂是硅胶和氧化铝。硅胶是无定形多孔性物质，略具酸性，适用于酸性物质的分离和分析。薄层色谱用的硅胶分为多种类型，如硅胶 H 为不含黏合剂的硅胶，硅胶 G 为含煅石膏黏合剂的硅胶，硅胶 HF_{254} 为含荧光物质的硅胶，可于波长 254nm 紫外光下观察荧光及显色的物质斑点，硅胶 GF_{254} 既含煅石膏又含荧光剂。氧化铝可根据所含黏合剂或荧光剂而分为氧化铝 G、氧化铝 GF_{254} 及氧化铝 HF_{254} 等。黏合剂除熟石膏（$2CaSO_4 \cdot H_2O$）外，还可用淀粉、羧甲基纤维素钠（CMC-Na）。通常将薄层色谱板按加黏合剂和不加黏合剂分为两种，加黏合剂的薄层色谱板称为硬板，不加黏合剂的称为软板。

在薄层色谱中选用何种吸附剂要视被分离的化合物性质而定。理想的吸附剂应该具备以下条件：能够可逆地吸附待层析的物质；不能使被吸附物质发生化学变化；粒度合适，能使展开剂以均匀的流速通过。由于它略带酸性（能与强碱性有机物发生作用），所以适用于极性较大的酸性和中性化合物的分离。纤维素和淀粉的吸附活性最小，因而多用于分离多官能团的天然产物。氧化铝也是一个用途很广的吸附剂，吸附能力强，而且有酸性、碱性和中性三种，酸性氧化铝的 pH 接近于 4，可用于分离氨基酸和羧酸，碱性氧化铝的 pH 在 10 左右，用于分离胺类化合物，中性氧化铝 pH 在 7 左右，用于分离中性有机物。

（2）薄层色谱板的制备与活化　薄层色谱板制备简称制板，是指作为固定相的支持剂被均匀地涂布在玻璃板上，形成一薄层。所用的玻璃板要求表面平滑、清洁。玻璃板的大小按需要选定，常用的规格为 6cm×20cm、20cm×20cm 及 2.5cm×7.5cm。

薄层色谱板的制备有干法制板和湿法制板两种，实验室最常用的是湿法制板。称取 3g 硅胶 G，放入 50mL 烧杯中，加入 6～7mL 0.5%～1% CMC 水溶液，用干净的玻璃棒调成糊状物，将此糊状物用玻璃棒均匀铺在备好的玻璃片上，用手拿住玻璃片外侧，左右摇晃，使其表面均匀平整，不能有气泡、颗粒等，厚度 0.25～1mm，然后放在水平的平面上晾干，不能快速干燥。

将薄层色谱板放入烘箱中加热活化，除去水分。活化时需逐渐升温。硅胶板一般在 110℃保持 0.5h 即可。氧化铝板在 200℃烘 4h 可得到活性Ⅱ级的薄层色谱板，150～160℃烘 4h 可得到活性Ⅲ～Ⅳ级的薄层色谱板。活化后的薄层色谱板应保存在干燥器中备用。

（3）点样　将样品溶于低沸点溶剂（如甲醇、乙醇、乙醚、丙酮、氯仿、苯和四氯化碳）中配成 1%左右的溶液，用内径 0.5～1mm 管口平齐的毛细管吸取少量的样品，垂直轻轻地点在距离薄层色谱板一端约 1cm 处，点样处需离边缘 5mm 以上，若溶液太稀，一次点样不够，则可待前一次点样的溶剂挥发后再重新点样，但每次点样都应点在同一圆心上，点样的次数依样品溶液的浓度而定，一般为2～5次。点样后斑点直径不超过2mm，点样斑点过大，往往会造成拖尾、扩散等现象，影响分离效果。若几个样品点在同一板上，则应点在同一直线上，样点间距约为1cm。取用不同样品时应使用不同的毛细管，以免污染混杂样品。点样结束，待样品干燥后，方可进行展开。薄层色谱点样方法如图1-11所示。

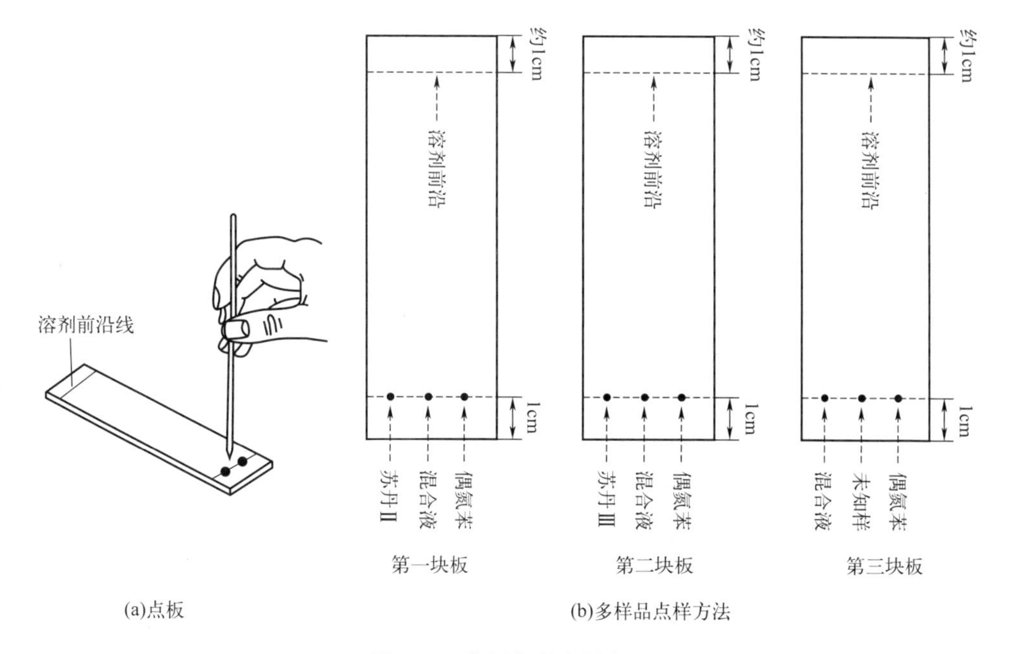

图1-11 薄层色谱点样方法

（4）展开 薄层色谱展开剂的选择由样品的极性、溶解度、吸附剂的活性等因素决定。一般根据化合物极性对各类溶剂进行反复试验来确定展开剂，在实际操作中，展开剂常用两种或三种溶剂的混合物。

薄层色谱的展开需要在密闭容器中进行，先将选择的展开剂放在色谱缸（可选用广口瓶）中，使色谱缸内溶剂蒸气饱和5～10min，液层高度0.5～1cm，展开剂的高度不能高于薄层色谱板上样品斑点。将点好样品的薄层色谱板放入色谱缸中进行展开，在展开过程中，样品斑点随着展开剂向上迁移，当展开剂前沿至薄层色谱板顶端约0.5cm时，立刻取出薄层色谱板，记下溶剂前沿位置，放平晾干。

（5）显色 如果化合物本身有颜色，在展开后就可直接观察它的斑点。但大多数有机化合物是无色的，只有通过显色才能使斑点显现。显色剂法和紫外光显色法是常用的显色方法。用硅胶GF_{254}制成的薄层色谱板，由于加入了荧光剂，可直接采用紫外光显色法，即在254nm波长的紫外灯下观察样品斑点。

有些化合物需要用显色剂法，即在溶剂蒸发前用显色剂喷雾显色。薄层色谱还可使用腐蚀性的显色剂，如浓硫酸、浓盐酸和浓磷酸等。也可用卤素斑点试验法来使斑点显色。另外也可使用碘熏显色法，将几粒碘置于密闭容器中，待容器充满碘的蒸气后将展开后的薄层色谱板放入，碘与展开后的有机化合物可逆地结合，在几秒钟内化合物斑点的位置呈黄棕色。用碘显色时一定要晾干溶剂，因为碘蒸气能与溶剂分子结合，如果不晾干就会掩盖样品点的颜色。碘熏显色法是观察无色物质的一种简便有效的方法，因为碘可以与除烷烃和卤代烃以外的大多数有机物形成有色配合物。表 1-2 列出了一些有机化合物的显色方法。

表 1-2　一些常用显色剂及使用范围

显色剂	使用浓度或制备方法	能被检出物质
浓硫酸①	浓硫酸质量分数为 98%	大多数有机化合物在加热后显黑色斑点
碘蒸气	将薄层色谱板放入缸内被碘蒸气饱和吸附数分钟	很多有机化合物显黄棕色
碘的氯仿溶液	0.5%碘氯仿溶液	很多有机化合物显黄棕色
铁氰化钾-三氯化铁	1%铁氰化钾水溶液与 2%的三氯化铁水溶液使用前等体积混合	检出酚类
硝酸铈铵	6g 硝酸铈铵的 15mL 2mol·L^{-1}硝酸溶液	检出醇类
磷钼酸乙醇溶液	5%磷钼酸乙醇溶液，喷后 120℃烘干，还原性物质显蓝色，氨熏，背景变为无色	还原性物质显蓝色
四氯邻苯二甲酸酐	2%四氯邻苯二甲酸酐溶液，溶剂由丙酮：氯仿＝10：1 组成	检出芳香烃
2,4-二硝基苯肼	1.94g 2,4-二硝基苯肼溶于 45mL 质量分数为 7%的盐酸溶液	检出醛、酮
溴酚蓝	0.05%溴酚蓝的乙醇溶液	检出有机酸
茚三酮	0.3g 茚三酮溶于 100mL 乙醇中	检出胺、氨基酸

① 以 CMC 为黏合剂的硬板不宜用硫酸显色，硫酸易使 CMC 炭化变黑，整板黑色而显不出斑点位置。

在斑点出现后，用直尺测量各组分移动的距离及溶剂前沿移动的距离，并计算 R_f 值，理想的 R_f 值为 0.15～0.75，否则分离效果较差，需调换展开剂或调整溶剂比例。以上这些显色方法在柱色谱和纸色谱中同样适用。薄层色谱展开槽展开及 R_f 值计算方法如图 1-12 所示。

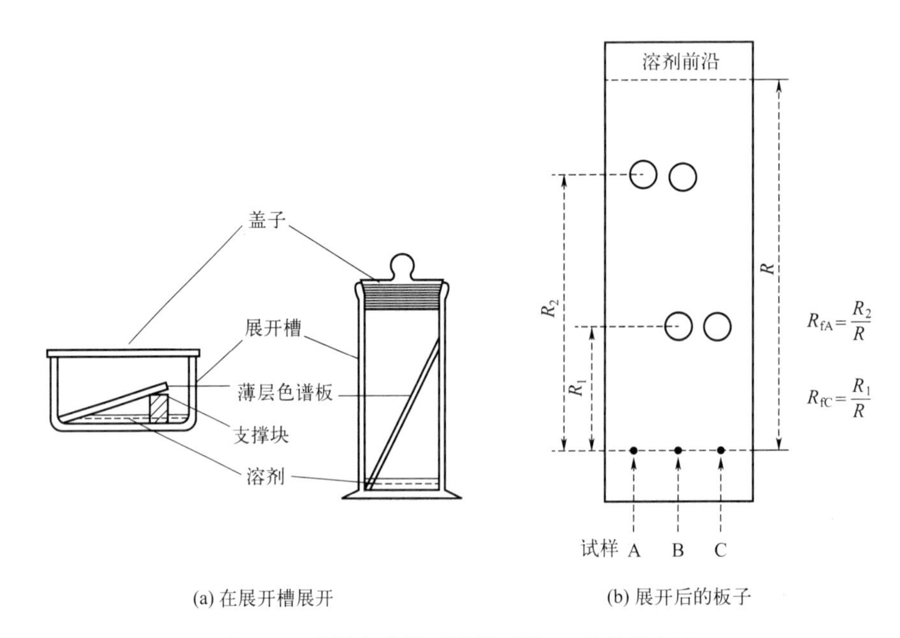

图 1-12　薄层色谱展开槽展开及 R_f 值计算方法

1.4.2 柱色谱

柱色谱是提纯少量物质的有效方法。常见的有吸附柱色谱、分配柱色谱和离子交换柱色谱。吸附柱色谱常用氧化铝和硅胶为吸附剂，填装在柱中的吸附剂把混合物中各组分先从溶液中吸附到其表面上，而后用溶剂洗脱。溶剂流经吸附剂时发生无数次吸附和脱附的过程，由于各组分被吸附的程度不同，吸附强的组分移动得慢留在柱的上端，吸附弱的组分移动得快到达柱的下端，从而达到分离的目的。分配柱色谱是利用混合物中各组分在两种互不相溶的液相间的分配系数不同而进行分离，常以硅胶、硅藻土和纤维素作为载体，以吸附的液体作为固定相。离子交换柱色谱是基于溶液中的离子与离子交换树脂表面的离子之间的相互作用，使有机酸、碱或盐类得到分离。实验室最常用的是吸附柱色谱。柱色谱是分离、提纯反应混合物和天然产物的重要方法。尽管比较费时，但由于操作方便，分离量可以大至几克，小至几十毫克，仍有较大的实用价值。

与薄层色谱相似，利用柱色谱完成分离后，继续用洗脱剂洗脱时，吸附能力最弱的组分随洗脱剂先流出，吸附能力强的后流出，分别收集各组分，再逐个鉴定。若是有色物质，在柱上可以直接看到色带，若是无色物质，可用紫外光照射，有些物质呈现荧光，可作检查。或在洗脱时，分段收集一定体积的洗脱液，然后通过薄层色谱逐个鉴定，再将相同组分的收集液合并，蒸除溶剂，得到单一的纯净物质。

吸附剂的用量、柱子的大小、粒子的粒径以及溶剂的极性和流速是决定柱色谱法能否获得满意分离效果的几个重要因素，分离效果的好坏关键在于色谱条件的选择。借助合理选择的条件，几乎任何混合物均可被分离。

1.4.2.1 吸附剂和洗脱剂的选择

（1）吸附剂的选择　常用的吸附剂有氧化铝、硅胶、氧化镁、碳酸钙和活性炭等。理想的吸附剂应该具备以下条件：能够可逆地吸附待分离的物质；不能使被吸附物质发生化学变化；粒度合适，能使展开剂以均匀的流速通过色谱柱。吸附能力与颗粒大小有关，颗粒太粗，流速快分离效果不好，太细则流速慢，通常使用的吸附剂颗粒大小以100～150目为宜。硅胶是实验室应用最广的吸附剂，市场上有各种不同粒径的硅胶供应。由于它略带酸性，能与强碱性有机物发生作用，所以适用于极性较大的酸性和中性化合物的分离。色谱用的氧化铝可分为酸性、中性和碱性三种。

吸附剂的活性与其含水量有关，含水量越高，活性越低，吸附能力越弱；反之则吸附能力越强。吸附剂的含水量和活性等级关系见表1-3。

表1-3　吸附剂的含水量和活性等级关系

项目	活性等级				
	Ⅰ	Ⅱ	Ⅲ	Ⅳ	Ⅴ
氧化铝含水量/%	0	3～4	5～7	9～11	15～19
硅胶含水量/%	0	5	15	25	38

一般常用的是Ⅱ级和Ⅲ级吸附剂。Ⅰ级吸附性太强，且易吸水；Ⅴ级吸附性太弱。

吸附剂本身和被吸附物质的结构决定了吸附剂的吸附能力。化合物的吸附性与其极性成正比，化合物分子中含有极性较大的基团时，吸附性也较强。

化合物的极性很大程度依赖于官能团的极性强弱，因此不同类型的化合物往往表现出不同的吸附能力，常见各种化合物的极性顺序如下：

饱和烃＜烯烃＜芳烃、卤代烃＜硫化物＜醚类＜硝基化合物＜醛、酮、酯＜醇、胺＜亚胺＜酰胺＜羧酸

当然这一顺序只是经验值，比较粗略，对于复杂化合物的极性只能通过实验比较来确定。

吸附剂的用量与待分离样品的性质和吸附剂的极性有关。通常吸附剂用量为样品量的30～50倍，如样品中各组分性质相似，则用量应更大。

（2）洗脱剂　一般把用来溶解样品的液体称为溶剂，而用来洗色谱柱的液体叫作洗脱剂或淋洗液，两者常为同一物质。在选择时可根据样品中各组分的极性、溶解度和吸附剂的活性等来考虑。洗脱剂的选择通常是先用薄层色谱法进行探索，哪种展开剂能将样品中各组分完全分开，即可作为柱色谱的洗脱剂。

洗脱剂的极性大小对混合物的分离影响较大。极性越大，洗脱能力或展开能力越强，化合物移动就越远。因此，所用的洗脱剂应从极性小的开始，以后逐渐增加极性。也可以使用混合溶剂，其极性介于单一溶剂极性之间，并逐步增加极性较大溶剂的比例，使吸附强的组分洗脱下来。有时还可以采用梯度淋洗法，即在洗脱过程中，连续改变洗脱剂的组成，使溶剂极性逐渐增加，这样洗脱可使样品中的组分在较短时间内分离完毕。

色谱用的展开剂绝大多数是有机溶剂，常用洗脱剂极性顺序如下：

己烷、石油醚＜环己烷＜四氯化碳＜三氯乙烯＜二硫化碳＜甲苯＜苯＜二氯甲烷＜氯仿＜乙醚＜乙酸乙酯＜丙酮＜丙醇＜乙醇＜甲醇＜水＜吡啶＜乙酸

这些溶剂可以单独使用，也可以组成混合溶剂使用。其中四氯化碳、苯、氯仿、甲醇等有一定毒性，应减少使用。

1.4.2.2 分离操作步骤

（1）装柱　装柱是柱色谱中最关键的操作，装柱的好坏直接影响分离效果。色谱柱一般用透明的玻璃做成，便于观察实验情况。底部的玻璃活塞应尽量不涂油脂，以免污染洗脱液。柱子大小视处理量而定，通常柱的直径与高度之比为（1∶10）～（1∶70）。

装柱之前，先将空柱洗净干燥，将色谱柱垂直地固定于支架上，柱的下端铺一层脱脂棉（或玻璃棉）。为了保持平整的表面，可在脱脂棉上再铺一层约5mm厚的石英砂，有的色谱柱下端已是用砂芯片烧结而成，可直接装柱。装柱的方法有湿法和干法两种。

① 干法装柱　在柱的上端放一玻璃漏斗，使吸附剂经漏斗成一细流，慢慢注入柱中，并经常用橡胶锤或大橡胶塞轻轻敲击管壁，使填装均匀，直到吸附剂的高度约为柱长的3/4为止。然后沿管壁慢慢地倒入洗脱剂，使吸附剂全部润湿，并略有多余。最后在吸附剂顶部盖一层约5mm厚的石英砂。由于这种方法在添加溶剂时易出现气泡，吸附剂也可能发生溶胀，所以一般很少采用。为了克服上述缺点，通常先将洗脱剂加入柱内，约为柱高的3/4处，然后一边通过活塞使洗脱剂缓缓流出，一边将吸附剂通过玻璃漏斗慢慢地加入，同时用橡胶锤轻轻敲击柱身，待完全沉降后，再铺上石英砂或用小的圆滤纸覆盖，以防加入样品或洗脱剂冲动吸附剂表面。

② 湿法装柱　将洗脱剂装入约为柱高的1/2后，把下端的活塞打开，使洗脱剂一滴一滴地流出，然后通过玻璃漏斗将调好的吸附剂和洗脱剂的糊状物，慢慢地倒入柱内。加完后继续让洗脱剂流出，直到吸附剂完全沉降，高度不变为止，最后再加入石英砂或一张圆滤

纸。这种方法比干法好，因为它可把留在吸附剂内的空气全部赶出，使吸附剂均匀地填在柱内。

由于氧化铝和硅胶的溶剂化作用易使柱内形成缝隙，这两种吸附剂不宜使用干法装柱。

（2）加样与洗脱　柱填装好后，让洗脱剂继续流出，到液面刚好接近吸附剂表面时关闭活塞。将样品溶于少量洗脱剂中，小心地沿柱壁加入柱中（避免样品液将柱表面冲松溅起），形成均匀的薄层，打开活塞，直到液面接近吸附剂表面时再关闭活塞。用少量洗脱剂洗涤柱壁上的样品，重新打开活塞使液面下降至吸附剂表面。重复 3 次，使样品全部进入吸附剂，然后用洗脱剂洗脱。洗脱速度不宜过快，以每秒 1～2 滴为宜，否则柱中交换来不及达到平衡会影响分离效果。操作过程中要及时添加洗脱剂，不要让洗脱剂走干，否则易产生气泡或裂缝，影响分离效果。若洗脱剂下移速度太慢，可适当加压。若发现色谱带出现拖尾时，可适当提高洗脱剂极性。

（3）分离成分的收集　收集的洗脱液一般 5～20mL 为一瓶，具体的量要视情况而定。所得洗脱液可用薄层色谱或纸色谱跟踪，并决定能否合并在一起。对有色物质，也可按色带分别收集。无色的样品如经紫外光照射能呈荧光的，可用紫外光照射来观察和监测混合物展开和洗脱的情况。

洗脱液合并后，蒸去溶剂就可以得到某一组分。如果是几个组分的混合物，需用新的色谱柱或通过其他方法进一步分离。

1.5　实验室安全与防护

进入实验室时，应熟悉实验室外部周围环境和各种安全设施的分布和位置、安全出口及逃生通道的走向；熟悉实验室内部环境及水、电、气及电源开关位置；熟悉各种消防设备（如灭火器、消防毯及消防沙等）的摆放位置及使用方法；熟悉各种防护用品（如紧急喷淋器、洗眼器、防护眼镜、防毒面具及急救药箱等）的摆放位置及使用方法；爱护所有设施、设备、用品，防止损坏，保持环境卫生。

1.5.1　防护用具

（1）防护眼镜　每位实验人员进入实验室，需要配备防护眼镜（又称护目镜），如图 1-13 所示。在开展实验时，须正确佩戴防护眼镜，防止实验中反应液体飞溅伤害眼睛。

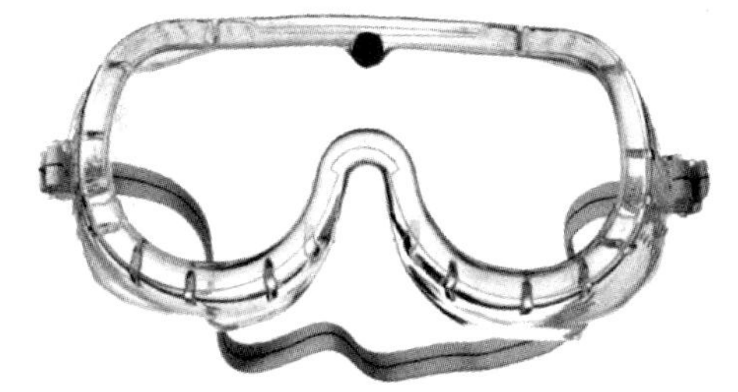
图 1-13　防护眼镜

（2）紧急喷淋器和洗眼器　紧急喷淋器和洗眼器（图 1-14）在高校化学实验室已经普及，轻微的意外伤害可以通过快速喷淋和冲洗得到有效控制。紧急喷淋器和洗眼器操作简易，向下拉动把手，即有大量清水流出，容易掌握。除此之外，实验台水池旁边通常也会单独安装洗眼器，便于快速冲洗。洗眼器主要由冲洗喷头、防尘盖片、按压水阀及底座构成。

紧急喷淋器和洗眼器使用时需要注意：一是定期检查并拉动水阀，确保水压充足的同时避免水长期滞留在水管中形成锈水；二是紧急喷淋器下不可有遮挡物，以防阻碍使用。

（3）防毒面具　防毒面具（图 1-15）主要用于保护人的呼吸器官、眼睛和面部，防止

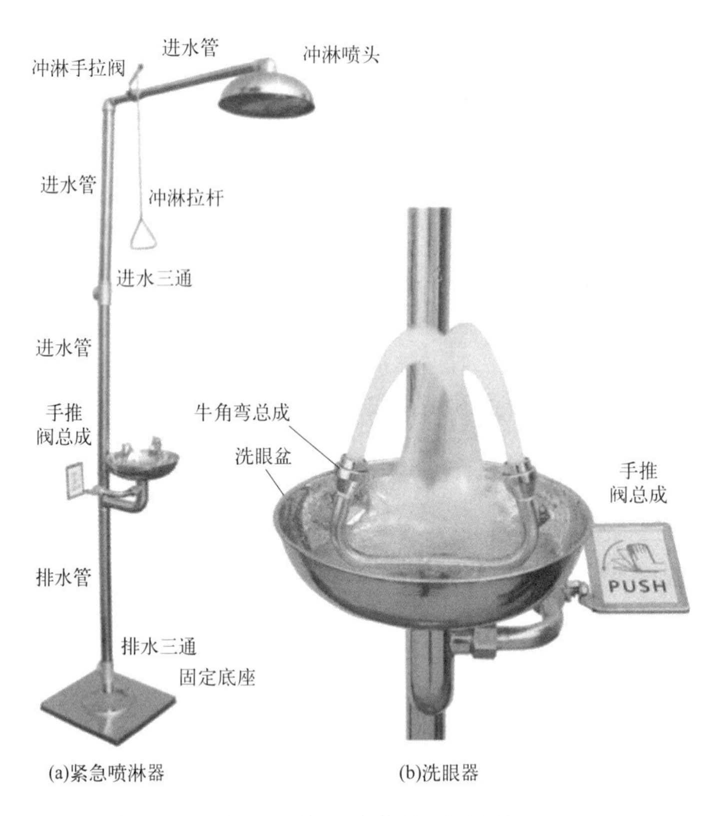

图 1-14　紧急喷淋器、洗眼器

粉尘、细菌、有毒有害气体或蒸气等有毒物质伤害。防毒面具从造型上可以分为全面具和半面具，全面具又分为正压式和负压式。防毒面具由面罩、导气管和滤毒罐或滤毒盒组成。面罩可直接与滤毒罐或滤毒盒连接使用，称为直连式；或者用导气管与滤毒罐或滤毒盒连接使用，称为导管式。防毒面罩可以根据防护要求分别选用各种型号的滤毒罐，应用在化工生产、仓库、科研等各种涉及有毒、有害物质的作业环境。

图 1-15　防毒面具

（4）防护手套　学生实验中，常会接触各种化学品，如使用强酸、强碱溶液和毒性较强的化学物质时，需戴上耐酸碱手套。同时，还会接触到高温物体，如正在电炉上加热的器皿或从马弗炉取出的熔融样品等，需戴上耐高温防烫伤手套，否则会造成皮肤的伤害，轻者皮肤干燥、起皮、刺痒，重者出现红肿、水疱、疱疹、结疤等。但是一般情况下仅使用单一的塑胶手套和织布手套，对手部的保护不够，因此正确选择和使用手套是预防手部伤害的重要措施。

手套选择与使用中的注意事项：

① 选用的手套要具有足够的防护作用；

② 使用前，尤其是一次性手套，要检查手套有无小孔或破损、磨蚀的地方，尤其是指缝；

③ 使用中不要将污染的手套任意丢放；

④ 摘取手套一定要注意正确的方法，防止手套上沾染的有害物质接触到皮肤和衣服上，造成二次污染；

⑤ 不要共用手套，共用手套容易造成交叉感染；

⑥ 戴手套前和摘掉手套后都要洗净双手，并擦点护手霜；

⑦ 戴手套前要治愈或罩住伤口，阻止细菌和化学物质进入血液；

⑧ 不要忽略任何皮肤红斑或痛痒、皮炎等皮肤病，如果手部出现干燥、刺痒、起泡等，要及时请医生诊治。

（5）实验服　实验服是指在进行实验时保护身体和里面衣服的工作服，一般都是长袖、及膝，类似医师袍，颜色一般为白色，故亦称白大褂，但普通白大褂不耐化学药品腐蚀。目前市售白大褂的材质参差不齐，应选用纯棉材质白大褂。

（6）医药箱

① 消毒剂：75％酒精，0.1％碘酒，3％双氧水，酒精棉球。

② 烫伤药：玉树油，蓝油烃，凡士林。

③ 创伤药：红药水，龙胆汁，消炎粉。

④ 化学灼伤药：5％的碳酸氢钠溶液，1％的硼酸，2％的乙酸，医用双氧水，2％的硫酸铜溶液。

治疗用品：创可贴，药棉，纱布，护创胶，绷带，镊子，等。

1.5.2 化学品的分类存放及危险识别

化学品是人类生产和生活不可缺少的物品，在人类社会的发展中有着举足轻重的作用。目前世界上已知的化学物质有6000多万种，市售医药、农药产品也超过10万种。化学品广泛用于生产生活，但也存在易燃、易爆、有毒等不利的一面，只有掌握了化学品尤其是危险化学品的特性，才能在使用过程中最大程度保证安全。分析近些年已发生的相关事故，大多都是缺乏安全意识、对试剂特性不熟悉、操作不规范、违背科学规律及疏于管理所致。因此，本节将系统介绍危险化学品的分类、特性、储存及使用注意事项等相关内容。

（1）化学品与危险化学品的定义　化学品：由各种化学元素组成的单质、化合物和混合物，含天然产物和人工合成试剂。

危险化学品：指具有毒害、腐蚀、爆炸、燃烧、助燃等性质，对人体、设施、环境具有危害的剧毒化学品和其他化学品。

（2）危险化学品的分类　依据《危险货物分类和品名编号》（GB 6944—2012）、《化学品分类和危险性公示　通则》（GB 13690—2009）及《全球化学品统一分类和标签制度》（GHS）等标准规范，并结合实验室相关情况，将实验室危险化学品按其主要危险特性分为了9类：①爆炸品；②气体；③易燃液体；④易燃固体、易于自燃的物质、遇水放出易燃气体的物质；⑤氧化性物质和有机过氧化物；⑥毒性物质和感染性物质；⑦放射性物质；⑧腐蚀性物质；⑨杂项危险物质和物品，包括危害环境物质。

（3）化学品的存放

① 所有化学品和配制试剂都应贴有明显标签，杜绝标签缺失、新旧标签共存、标签信息不全或不清等混乱现象。配制的试剂、反应产物等应有名称、浓度或纯度、责任人以及日期等信息。

② 存放化学品的场所必须整洁、通风、隔热、安全、远离热源和火源。

③ 实验室不得存放大桶试剂和大量固体试剂，严禁存放大量的易燃易爆品及强氧化试剂；化学品应密封、分类、合理存放，切勿将不相容的、互相作用会发生剧烈反应的化学品混放。

④ 建立并及时更新化学品台账，及时清理无名、废旧、过期化学品。

（4）危险化学品分类存放要求

① 剧毒化学品、麻醉类和精神类药品需存放在不易移动的保险柜或带双锁的冰箱内，实行“双人领取、双人运输、双人使用、双人双锁保管”的五双制度，并切实做好相关记录。

② 易爆品应与易燃品、氧化剂隔离存放，宜存于20℃以下，最好保存在防爆试剂柜、防爆冰箱或经过防爆改造的冰箱内。

③ 腐蚀品应放在防腐蚀试剂柜的下层，或下垫防腐蚀托盘，置于普通试剂柜的下层。

④ 还原剂、有机物等不能与氧化剂、硫酸、硝酸混放。

⑤ 强酸（尤其是硫酸），不能与强氧化剂的盐类（如高锰酸钾、氯酸钾等）混放；遇酸可产生有害气体的盐类（如氰化钾、硫化钠、亚硝酸钠、氯化钠、亚硫酸钠等）不能与酸混放。

⑥ 易产生有毒气体（烟雾）或难闻刺激气味的化学品应存放至配有通风吸收装置的试剂柜内。

⑦ 金属钠、钾等碱金属应贮存于煤油中；黄磷、汞应贮存于水中。

⑧ 易水解的药品（如乙酸酐、乙酰氯、二氯亚砜等）不能与水溶液、酸、碱等混放。

⑨ 卤素（氟、氯、溴、碘）不能与氨、酸及有机物混放。

⑩ 氨不能与卤素、汞、酸等接触。

1.5.3 危险化学品的安全识别

化学品安全技术说明书（material safety data sheet），国际上又称作化学品安全信息卡，简称MSDS或CSDS，是关于危险化学品燃爆、毒性和环境危害以及安全使用、泄漏应急处置、主要理化参数、法律法规等方面信息的综合性文件，其相关信息可通过专业网站查询。

实验室存放的药品多且繁杂，开展实验前进行认真预习和了解所做实验中用到的物品和仪器的性能、用途、可能出现的问题及预防措施，严格执行操作规程，胆大心细，有条不紊，就能有效地维护人身和实验室的安全，确保实验的顺利进行。

1.5.4 常见事故的分类、预防、应急处置

在化学实验中，经常会使用易燃易爆等危险化学药品或气体，其中有些药品具有毒害性和腐蚀性。这些药品若使用不当，就有可能产生爆炸、烧伤或中毒等事故。玻璃器皿和电气设备的使用或处理不当，也会产生割伤或触电事故。因此，进行化学实验时，要严格遵守关

于水、电和各种仪器、药品的使用规定，重视安全操作，熟悉常规的应急处置方法，并学会一般救护措施，帮助自己和他人应对突发事件。常见的发生于实验室内部的、与实验室安全相关的、危害实验室相关人员和社会公众健康以及社会稳定的所有事件主要包含以下十类：火灾；爆炸；触电；危险化学品；大型仪器故障、玻璃器皿刺伤或割伤；废液泄漏；漫水；盗窃；自然灾害及其他突发事故。

1.5.4.1 实验室火灾应急处理

发生火情时，现场人员须立即采取处理措施，防止火势蔓延，并迅速向上级报告。

① 首先确定火灾发生位置，并判明起火原因，何种物品着火。

② 迅速查看周围环境，判断是否有重大危险源分布、是否诱发二次灾害。

③ 果断、及时采取应对措施，正确选用消防器材进行扑救。

④ 小范围内不同燃烧物的灭火处理方式如下所示。

a. 木材、布料、纸张、橡胶以及塑料等固体可燃材料着火，可采用水冷却法灭火；但对珍贵图书或档案，应使用二氧化碳、七氟丙烷、全氟己酮灭火器灭火。

b. 易燃液体、易燃气体和油脂类等化学药品着火，应使用大剂量泡沫灭火剂、干粉灭火器灭火。

c. 带电电气设备火灾，应切断电源后再灭火。如因现场情况不能断电，应使用干砂或干粉灭火器，不能使用水或泡沫灭火器。

d. 可燃金属，如镁粉、钠、钾及其合金等着火，应使用干砂或干粉灭火器进行灭火。

e. 废液火灾，如果是有机废液着火，应选用正确的灭火器，并做好个人防护，以免发生中毒或灼伤；如果是腐蚀性废液着火，可用灭火器灭火或干砂等吸附，不可使用高压喷水，以免废液喷溅伤害扑救人员。

f. 固体废物着火，应使用干粉灭火器或干砂进行扑救。

⑤ 火势较大时，安排实验中心全部人员迅速撤离现场并拨打火警电话119报警，告知发生火情的详细地址、燃烧物种类、联系电话、报警人姓名，并到路口迎消防车。

⑥ 烧伤急救处理

a. 基本原则是：烧伤发生时，最好的救治方法是用冷水冲洗，或伤员自己浸入附近水池浸泡，防止烧伤面积进一步扩大。

b. 衣服着火时应立即脱去用水浇灭或就地躺下，打滚灭火。

c. 烧伤经过初步处理后，要及时将伤员送往就近的医院治疗。

⑦ 消除火灾后的各种影响环境的应急措施

a. 对非油类的火灾：消除火灾后应立即打扫现场，将残留物及炭灰清理放入不可回收垃圾处。

b. 对油类的火灾：消除火灾后应立即打扫现场，用黄沙对地面进行收油处理后用水洗，对附着物的表层用棉纱或抹布抹除，再用清洁剂擦除。

1.5.4.2 实验室爆炸应急处理

① 实验室如发生爆炸事故，现场人员在保证安全的前提下必须及时切断电源和管道阀门。

② 所有人员应听从现场临时负责人的指挥，按秩序通过安全出口或用其他方法迅速撤离现场。

③ 爆炸引发的火灾，按照实验室火灾应急处理的程序处置。

④ 爆炸如引发人员受伤，应第一时间送往医院救治或拨打急救电话120。

⑤ 应急处置领导小组负责安排抢救工作和人员转移安置工作。

1.5.4.3 实验室现场触电的应急处理

① 触电急救的原则是在现场采取积极措施保护伤员的生命。

② 触电急救，首先要使触电者迅速脱离电源，触电者未脱离电源前，救护人员不准用手直接触及伤员。使伤员脱离电源的方法：

a. 切断电源开关。

b. 若电源开关较远，可用干燥的木橇、竹竿等挑开触电者身上的电线或带电设备。

c. 可用几层干燥的衣服将手包住，或者站在干燥的木板上，拉触电者的衣服，使其脱离电源。

③ 触电者脱离电源后，应视其神志是否清醒进一步采取急救措施。神志清醒者，应使其就地躺平，严密观察，暂时不要站立或走动；如神志不清，应就地仰面躺平，且确保气道通畅，并于5秒时间间隔呼叫伤员或轻拍其肩膀，以判定伤员是否意识丧失。禁止摇动伤员头部呼叫伤员。

④ 抢救人员应立即就地坚持用人工心肺复苏法正确抢救，并联系医疗部门接替救治。

1.5.4.4 危险化学品事故应急处理

危险化学品事故分为三种：化学品伤害皮肤、眼睛等外部器官；毒气由呼吸系统进入体内引起中毒及有毒害化学品入口中毒。

① 化学强腐蚀烫、烧伤事故发生以后，应迅速解脱伤者被污染衣服，及时用大量清水冲洗干净皮肤，保持创伤面洁净以待医生的治疗，或用适合于消除这类化学药品的特种溶剂、溶液仔细洗涤烫、烧伤处。眼部烫、烧伤后，立即用清水洗涤（若眼睛受伤，切勿用手揉搓），及时送医院诊治。

② 化学药品（气、液、固体）引发的中毒事故发生后，应立即用湿毛巾捂住嘴、鼻，将中毒现场转移到通风清洁处，采用人工呼吸、催吐等方法帮助中毒者清除体内毒物，并送医务人员治疗。也可用排风、用水稀释等方法减少或消除环境中的有毒物质，必要时拨打医疗急救电话120，保护好现场。

③ 如发生入口中毒，酸碱类物品应首先大量饮水，再服用牛奶或蛋清，送医院救治；重金属盐中毒，首先饮一杯含有几克硫酸镁的水溶液，立即送医救治，不要服用任何催吐药，以免发生危险；砷或汞化物中毒者，必须立即就医；其他毒物中毒，原则上应首先催吐，然后送医救治。

1.5.4.5 玻璃器皿刺伤或割伤应急处理

① 受伤人员马上清洗双手，护理受伤部位，用食用酒精或碘伏消毒，并记录受伤原因和相关的微生物，保留完整的原始记录。

② 容器破碎及感染性物质溢出时，应立即戴上防护手套，用布或纸巾覆盖全部受感染物质；倒上消毒剂，消毒剂作用30min后，清理污染区域，所有污染物品放入黄色专用塑料袋，按照感染性废物处理。

③ 离心机内盛有潜在感染性物质的试管破裂，应立即关闭机器电源，让机器密闭半小时，使气溶胶沉积后，戴上防护手套用镊子清理玻璃碎片，用1%的消佳净擦拭机器内部，

所有污染物按照感染性废物处理。

④ 眼部溅入感染性物质，先用清水冲洗眼部，然后立即送医治疗。

⑤ 手部污染时，如果是一般污染，先用清水冲洗，再用肥皂或洗手液搓洗10min，再次用清水冲洗，擦干，用酒精擦手；如果是重度污染，先用1%消毒水浸泡双手约10min，再用清水和肥皂水清洗。

1.5.4.6 废液泄漏应急处理

如发生少量泄漏，应使用惰性材料（如干砂）作为吸附剂将其吸收起来，然后按照危险废物处置。如发生大量泄漏，应使用惰性材料（如干砂）进行围堵，然后再用吸附剂进行吸收，清理后按照危险废物进行处置。严禁使用锯末、废纸等可燃材料作为吸收材料，以免发生反应引起火灾。

1.5.4.7 实验人员受伤应急处理

① 创伤 伤处不能用手抚摸，也不能用水洗涤，应先把碎玻璃从伤处挑出。轻伤可涂以紫药水（或红汞、碘酒），必要时撒些消炎粉或敷些消炎膏，用绷带包扎。

② 烫伤 不要用冷水洗涤伤处，伤处皮肤未破时可涂擦饱和碳酸氢钠溶液或用碳酸氢钠粉调成糊状敷于伤处，也可抹獾油或烫伤膏；如果伤处皮肤已破，可涂些紫药水或10%高锰酸钾溶液。

③ 受酸腐蚀致伤 先用大量水冲洗，再用饱和碳酸氢钠溶液（或稀氨水、肥皂水）洗，最后再用水冲洗，如果酸溅入眼睛内，用大量水冲洗后，送医院诊治。

④ 受碱腐蚀致伤 先用大量水冲洗，再用2%乙酸溶液或饱和硼酸溶液洗，最后用水冲洗，如果碱溅入眼睛中，应立即用硼酸溶液洗。

⑤ 受溴腐蚀致伤 用苯或甘油洗涤伤口，再用水洗。

⑥ 受磷灼伤 用1%硝酸银、5%硫酸铜或浓高锰酸钾洗伤口，然后包扎。

⑦ 吸入刺激性或有毒气体 吸入氯、氯化氢气体时，可吸入少量酒精和乙醚的混合蒸气使之解毒，吸入硫化氢或一氧化碳气体而感到不适时，应立即到室外呼吸新鲜空气。应该注意氯、溴中毒不可进行人工呼吸，一氧化碳中毒不可施用兴奋剂。

⑧ 毒物进入口内 把5～10mL稀硫酸铜溶液加入一杯温水中，内服后，用手指伸入咽喉部，促使呕吐，吐出毒物，然后立即送医院。

⑨ 触电 首先切断电源，然后在必要时进行人工呼吸。

1.5.5 化学实验室废弃物的分类与处理

化学实验室在运行过程中不可避免地产生一些废弃物，尽管这些废弃物的总体数量比较少，但是实验室排放的物质成分复杂，具有不确定性及动态性等特点，其环境危害性不容低估。一些废弃物具有易燃、易爆、腐蚀、有毒等危险特性，如果处置与管理不当，不但产生污染，而且将对人身安全与健康造成伤害。《国家危险废物名录（2021年版）》中规定，“生产、研究、开发、教学、环境检测（监测）活动中产生的废物”均属于危险废物，类别为“HW49其他废物”，化学实验室产生的废弃物应当按照危险废物处置。因此，每名实验者应该学习并掌握实验室废弃物管理规定及相关专业知识，应妥善保管和处置好这类物质。

1.5.5.1 实验室废弃物来源与分类

实验室“三废”是指废气（有机、无机、粉尘、混合和恶臭等）、废渣（废弃化学试剂、废弃包装物、废弃容器、其他固态废物等）、废液（有机废液、无机废液、重金属废液、含汞废液等）。化学实验室废弃物特性：①量少，需要养成收集和积累的习惯，过程麻烦；②种类繁多，不同实验产生不同废弃物，具有多变性；③具尖端性、前瞻性及先进科研实验的属性；④形态多样、组成复杂，需要分类收集与处理；⑤具有一定毒性；⑥具有腐蚀性、爆炸性、感染性。

1.5.5.2 实验室废物处置办法

（1）实验室废气主要处置办法

①回收法（活性炭吸附液体吸收、冷凝法和生物膜法等）；②消除法（热氧化、催化燃烧、生物氧化、电晕法、等离子体分解法、光分解法等）；③中和法；④溶解法；等。

受污染物类型、浓度、排放形式、管理水平、排风量、环境条件、使用要求等诸多因素限制，很多工艺并不适用于实验室废气净化。因此在有机化学实验室中，因废气量较少，主要采用通风装置将其排出实验室，通过净化设备处理后排入大气。

（2）实验室废渣（固态废弃物）主要处置办法　一般性固态废弃物。主要指用于包装过药品的废纸箱、塑料、玻璃、金属和布料五大类。可归为生活类固体废弃物，按要求进行分类回收。

化学品固态废弃物。主要包括过期药品、无标签的化学试剂、来源不明的化学药品、实验后剩余药品或检测样品、长期久置的反应中间体以及盛装危险化学品的固体废弃物等。对于这些固体废弃物或废弃试剂，都需要进行专业的无害化处理。

固体废弃物的无害化处理，首先遵从分类回收的大前提。主要包含以下几种：①化学处理；②生物处理；③物理处理；④固化处理；⑤热处理。

实验室固体废弃物主要进行分类收集，再将其集中回收交由专业厂家处理，应尽量避免在实验室自行处理而发生意外事故。

（3）实验室废液主要处置办法　实验室废液主要成分为液态的实验废弃产物或中间产物（如各种有机溶剂、离心液、液体副产物等）以及各种洗涤液（产物或中间产物的高浓度洗涤液、仪器或器皿的润洗液和高浓度的洗涤废水等）。由于实验多种多样，产生的废液也不尽相同，因此针对不同类型的废液采取分类收集，填写《实验室废液收集统计表》，定期安全转运。

废液分类储存原则：①遇水反应类需单独储存；②空气反应类需单独储存；③氧化剂类需单独储存；④氧化剂与还原剂需分开储存；⑤酸液与碱液需分开储存；⑥氰系类与酸液需分开储存；⑦含硫类与酸液需分开储存；⑧碳氢类溶剂与卤素类溶剂需分开储存。

实验室废液无害化处置方法：①中和法；②沉淀法；③氧化法；④还原法；⑤蒸馏法。

以上方法简便、有效，可以在实验室采用。另外，焚烧法处理有机废液在工业上简便、有效，但不适合实验室采用。

1.6 文献资源简介

化学文献资料的查阅和检索是实验和研究工作的重要组成部分，是化学工作者必须具备的基本功。化学文献的查阅不但可以避免不必要的重复探索，取得事半功倍的效果，而且还可以碰撞出智慧的火花。目前与有机及物理化学有关的文献资料已相当丰富，许多文献资料、化学辞典、手册可以查阅理化数据及光谱资料等，其数据来源可靠、阅读简便，并不断进行补充更新，是化学的知识宝库，更是化学工作者学习和研究的有力工具。随着计算机和网络技术的发展，基于网络的文献资源将发挥越来越重要的作用。

1.6.1　中文文献检索

（1）中国知网　该数据库内容涵盖学术期刊、博士论文、硕士论文、会议论文、报纸、工具书、年鉴、专利、标准、法律法规及海外文献等公共知识信息资源，分为理工 A、理工 B、理工 C、农业科技、医药卫生科技、哲学与人文科学、政治军事与法律、教育与社会科学综合、电子技术与信息科学、经济与管理科学等十大专辑，168 个学科门类，网上数据每日更新。

（2）万方中国学位论文全文数据库　该数据库收录了国家法定学位论文收藏机构——中国科技信息研究所提供的自 1980 年以来我国各高等院校、研究生院及研究所的硕士、博士及博士后论文总计约 600 万篇（截至 2022 年底）。

（3）化学品安全技术说明书　化学品安全技术说明书（MSDS）是化学品生产商和经销商按法律要求必须提供的化学品危害性的一份综合性文件。在化学品安全技术说明书里面可以查询该化合物的化学品名称（中英文名称、俗名）、成分/组成信息、理化特性、危险性概述、急救措施、消防措施、泄漏应急处理、操作处置与储存、个体防护、稳定性和反应活性、毒理学资料、生态学资料、废弃处置、运输信息、法规信息等。其中理化特性包括：外观与性状、pH、熔点、相对密度、沸点、相对空气蒸气密度、分子式、分子量、饱和蒸气压、燃烧热、临界温度、临界压力、辛醇水分配系数、爆炸上限、爆炸下限、溶解性、主要用途等。常见化合物的 MSDS 可以在化学品安全技术说明书数据库免费在线查询。

1.6.2　外文文献检索

（1）SciFinder　SciFinder 提供在线查询美国化学文摘（CA）的服务，其数据库涵盖了化学文摘 1907 年创刊以来的所有内容，收录有大量的期刊、图书、学位论文、成果报告、会议论文、专利等，涉及生物、医学、轻工、冶金、物理等领域，更整合了 Medline 医学数据库与中国、美国、日本和欧洲等众多专利机构的全文专利资料等。SciFinder 有多种先进的检索方式，比如化学结构式和化学反应式检索等。

（2）Web of Science　Web of Science 是获取全球学术信息的重要数据库。其由美国科学信息研究所于 1958 年创立，为全球最大、覆盖学科最多的综合性学术信息资源。Web of Science 数据库收录了 12000 多种世界权威的、高影响力的学术期刊，内容涵盖自然科学、工程技术、生物医学、社会科学、艺术与人文等领域，最早回溯至 1900 年。Web of Science 将引文索引作为一种文献检索与分类工具，将一篇文献作为检索字段从而跟踪一项研究的发展过程。特别适用于检索一篇文献或一个课题的发展，并了解和掌握研究思路。利用 Web of Science 丰富而强大的检索功能，可以方便快速地找到有价值的科研信息，既可以越查越旧，也可以越查越新，全面了解有关某一学科、某一课题的研究信息。

（3）期刊全文数据库　常用的外文期刊全文数据库包括：ACS Publications，它是美国化学会出版部建立的基于网络的文献数据库，收录了近 40 种学术期刊；ScienceDirect，它是 Elsevier Science 公司出版的数据库，提供 1995 年以来 1900 多种期刊的检索和全文下载业务；RSC Publishing，它是英国皇家学会出版的期刊及资料库；SpringerLink，它是德国施普林格出版集团提供的学术期刊及电子图书在线服务系统；Wiley Online Library，它是约翰威利国际出版公司提供的数据库在线服务。

1.6.3 常用工具书

安全知识：《常用化学危险物品安全手册》，《化学危险品最新实用手册》。

理化数据：*The Merck Index*（《默克索引》），*Dictionary of Organic Compounds*（《有机化合物辞典》），*Handbook of Chemistry and Physics*（《CRC化学与物理手册》），《化工辞典》，《汉译海氏有机化合物辞典（第Ⅳ册）》等。

商用试剂：《Sigma-aldrich试剂手册》等。

第2章

基本实验操作

实验1 加热、冷却与搅拌

【实验引入】

古人加热取暖的主要方法是烤炭火。火盆可随时点燃和熄灭，自由控制“供暖”时间和热度，快速高效。聪明的古人还会用火盆添香、加湿，如：在火盆里烧松枝，可为居室添香；在火盆上浇点水，为房间加湿。史料记载，火盆起源于黑龙江，在三国时期开始使用，至今已近2000年。

【实验目标】

知识目标 了解加热器件的基本构造和原理、电气特性、电气控制方法和优劣比较以及磁力搅拌、机械搅拌原理；

技能目标 掌握水浴、油浴、沙浴等不同加热方法，冰浴、冰盐浴等不同冷却方法，机械或磁力等不同搅拌方法的操作技术；

价值目标 培养严谨的科学态度，根据需求选择适当的方法。

【实验原理】

1. 加热

实验室常用的电加热器是把电能转化为热能的设备。电加热方式包括电热丝、电热管、微波加热、红外线加热。电加热器包括电炉、电热套、电水浴锅、电油浴锅、电沙（盐）浴锅、微波炉等。

(1) 空气浴　利用热空气间接加热的一种升温方法。对于沸点在80℃以上的液体均可采用。把容器放在石棉网上加热就是简单的空气浴。由于空气浴加热不均匀，故不能用于回流低沸点易燃的液体或者减压蒸馏。半球形的电热套是属于比较好的空气浴，因为电热套中的电热丝是玻璃纤维包裹着的，较安全，一般可加热至400℃，电热套主要用于回流加热。在蒸馏过程中随着容器内物质逐渐减少，会使容器壁过热，因此应调节电压来防止器壁过热。电热套有各种规格，取用时要与容器的大小相适应。为了便于控制温度，要连续调节变压器。

（2）水浴　水浴为较常用的热浴。当加热的温度不超过100℃时，可使用水浴加热，实验室常用电水浴锅。使用水浴时，勿使容器触及水浴器壁或其底部。如果加热温度稍高于100℃，则可选用适当无机盐类的饱和水溶液作为热溶液。饱和 $MgSO_4$、NaCl、KNO_3 和 $CaCl_2$ 水溶液的沸点分别可达108℃、109℃、116℃和180℃。由于水浴中的水会不断蒸发，适当时需要添加热水，使水浴中水面保持稍高于容器内的液面。特别指出，当使用金属钾和钠时，决不能用水浴加热。

（3）油浴　适用于反应温度为100～250℃的反应，优点是反应物受热均匀，反应物的温度一般低于油浴液实际温度20℃左右，实验室常用的油浴液有：

① 甘油。可以加热到140～150℃，温度过高则会分解。

② 植物油。如菜油、蓖麻油和花生油等，可以加热到220℃，常加入1%对苯二酚作为抗氧化剂，便于久用。温度过高时则会分解，达到闪点时可能燃烧，使用时要小心。

③ 石蜡。能加热到200℃左右，冷却到室温时凝成固体，保存方便。

④ 有机硅油。可以加热到200℃左右，温度稍高并不分解，但较易燃烧。用油浴加热时，要特别小心，防止着火，当油受热冒烟时，应立即停止加热。油浴中应挂一支温度计，可以观察油浴的温度和有无过热现象，便于控制温度。油量不能过多，否则有受热后溢出而引起火灾的危险。使用油浴时必须要防止产生可能引起油浴燃烧事故的因素。加热完毕取出反应容器时，仍用铁夹夹住反应容器使其离开液面悬置片刻，待容器壁上附着的油滴完后，用纸和干布擦干。

（4）沙浴　沙浴一般是用铁盆装干燥的细海沙（或河沙），把反应容器半埋沙中加热。加热沸点在80℃以上的液体时可以采用，特别适用于加热温度在220℃以上的物质。沙浴的缺点是传热慢，温度上升慢，且不易控制，因此，沙层要薄一些。沙浴中应插入温度计，温度计水银球要靠近反应器。

（5）盐浴　盐浴加热就是把盐熔融，把待加热物体或容器放进盐的熔融液中进行加热。通常选用氯化钠、氯化钾、氯化钡、氰化钠、氰化钾、硝酸钠、硝酸钾等盐类作为加热介质。优点是加热速度快，温度均匀。物体始终处于盐熔融液内，拿出物体时物体表面有一层盐膜，所以能防止物体表面氧化和脱碳。

注意：实验室一般不使用明火加热。实验室使用电炉加热时，最好用封闭式电炉。

2. *冷却与冷却剂*

冷却就是通过介质将热量散发或传递给其他物质。冷却包括空气冷却、冰箱冷却、冰浴冷却、冰水浴冷却、盐浴冷却、干冰冷却、液氮冷却。冷却设备有冰箱、冷阱等。

在有机实验中，有时需采用一定的冷却剂进行冷却操作，在一定的低温条件下进行反应、分离提纯等。例如：

① 某些反应要在特定的低温条件下进行，才利于有机物的生成，如重氮化反应一般在0～5℃进行。

② 沸点很低的有机物，冷却时可减少损失。

③ 要加速结晶的析出。

高度真空带冷阱的蒸馏装置通过低温冷阱让蒸气凝结，可以减少有机挥发物进入油泵。

根据不同的要求，选用适当的冷却剂冷却，最简单的是用水和碎冰的混合物，可冷却至0～5℃，它比单纯用冰块有较大的冷却效能。因为冰水混合物与容器的器壁接触更充分。

若在碎冰中酌加适量的盐类，所得冰盐混合冷却剂的温度可在0℃以下，例如：普通的食盐与碎冰的混合物（体积比33∶100)，其温度可由－1℃降至－21.3℃，但在实际操作中温度为－5～－18℃。冰盐浴不宜用大块的冰，而且要按上述比例将食盐均匀撒在碎冰上，这样冰冷效果才好。

除上述冰浴或冰盐浴外，若无冰时，则可用某些盐类溶于水吸热作为冷却剂使用，参阅表1及表2。

表1 用两种盐及水（冰）组成的冷却剂

每100克水加盐的种类及其用量/g				温度/℃	
				始温	冷冻
A组分		B组分		—	—
NH_4Cl	31	KNO_3	20	+20	−7.2
NH_4Cl	24	$NaNO_3$	53	+20	−5.8
NH_4NO_3	79	$NaNO_3$	61	+20	−14.0
NH_4Cl	26	KNO_3	13.5	+20	−17.9
NH_4Cl	20	$NaCl$	40	+20	−30.0
NH_4Cl	13	$NaNO_3$	37.5	+20	−30.1
NH_4NO_3	42	$NaCl$	42	+20	−40.0

表2 用一种盐及水（冰）组成的冷却剂

盐类	每100克水加盐的用量/g	温度/℃	
		始温	冷冻
KCl	30	+13.6	+0.6
$CH_3COONa \cdot 3H_2O$	95	+10.7	−4.7
NH_4Cl	30	+13.3	−5.1
$NaNO_3$	75	+13.2	−5.3
NH_4NO_3	60	+13.6	−13.6
$CaCl_2 \cdot 6H_2O$	167	+10.0	−15.0
NH_4Cl	25	−1	−15.4
KCl	30	−1	−11.1
NH_4NO_3	45	−1	−16.7
$NaNO_3$	50	−1	−17.7
$NaCl$	33	−1	−21.3
$CaCl_2 \cdot 6H_2O$	204	0	−19.7

3. 搅拌

搅拌可以分为磁力搅拌以及机械搅拌。机械搅拌就是搅拌杆前端有桨叶，后端连接在电机上，通过控制电机转速调节搅拌速率。搅拌桨叶有月牙形、条形和扇叶形等，材质有玻璃、金属和聚四氟乙烯等。

磁力搅拌是利用电磁感应原理，通过电机头连接永磁铁旋转，驱动搅拌子旋转。搅拌子外表面都用聚四氟乙烯塑封，可以防污染、防锈蚀、防酸碱、防腐蚀等。

【仪器及药品】

仪器：电热套、圆底烧瓶、磁力搅拌器、集热式磁力搅拌器、机械搅拌器、搅拌杆、搅拌子、封闭式电炉。

药品：蒸馏水、硅油、盐（如氯化钠）、冰糖、碎冰块。

【搭建装置】

装置搭建基本原则：从下到上，从左向右；重心低，装置稳定；连接固定部分稳固而不能产生扭曲应力。本实验以加热烧瓶中的蒸馏水溶解冰糖为例。

将铁架台安装在台面中后部。调试电热套，接通电源观察是否能正常加热，把电热套平稳地放在铁架台的铁板上（或桌面上）。将圆底烧瓶固定在铁夹上，调节高度，烧瓶在石棉套中悬空1～2cm，与四周的石棉套壁距离均匀，利用热空气浴均匀加热，然后用铁夹将烧瓶固定在铁架台的铁杆上。向圆底烧瓶中加入3块冰糖（3～5g），用量筒量取50mL蒸馏水，加入烧瓶中。打开电热套开关，缓慢旋转旋钮，通过调节电压来调节加热温度，先低压100～150V加热3分钟，再高压150～220V加热直至水沸腾。等瓶内冰糖全部溶解后，关闭电源，停止加热，冷却后拆除装置，废液导入废液缸。

【注意事项】

① 加热时必须让烧杯外表面干燥，不可有水珠。

② 加热时先低温，后高温，缓慢升温。

③ 冷却结晶时，缓慢冷却，不可摇动和搅拌，从而使得到的晶体颗粒规则且体积较大。

【思考题】

① 空气浴加热的适用范围是什么？

② $-20℃\pm2℃$的低温浴如何制备？

③ 机械搅拌和磁力搅拌的区别是什么？

实验2 回　流

【实验引入】

回流是一种用于液体反应体系的实验操作。有时反应物或溶剂沸点较低，为了不使物料过快汽化而损失，通常在反应容器（常为圆底烧瓶）上方安装冷凝管，这样反应物或溶剂蒸气将遇冷回流而返回反应容器内，防止反应物或溶剂逸出而损失。通常在加热时还会加入沸石或使用磁力搅拌加热器搅拌，以防止暴沸。大多数有机化学反应需要在反应溶剂或液体反应物的沸点附近进行，常常需要使反应物较长时间保持沸腾，回流反应装置能充分利用反应物和溶剂，加快有些反应速度慢或难以进行的化学反应，提高产率。

在化学工业中，指在精馏操作中，从精馏塔顶部引出的上升蒸气经冷凝器冷凝后，一部分液体作为馏出液（塔顶产品）流出塔外，另一部分液体流回塔内，后者称为回流。塔顶的液相回流和塔釜的蒸气流上升是保证精馏过程连续稳定进行的必要条件。

【实验目标】

知识目标 掌握加热回流的原理，了解回流装置在有机合成中的应用；

技能目标 熟练掌握各种加热回流装置的组装、拆卸和使用；

价值目标 具备有机化学实验所使用仪器设备的规范操作意识和安全意识。

【实验原理】

回流的过程是反应过程中产生的蒸气经过冷凝回流管时被冷凝流回到反应器中。这种连续不断地蒸发或沸腾汽化与冷凝流回的操作叫作回流。加热回流装置主要由反应容器和冷凝管组成，还可以与滴液漏斗、温度计、分水器等组合。

分水是指在回流的基础上，利用两种物料的共沸性、不溶性和密度的差异性实现液体的分离操作。

对于非均相间的有机反应，或需将一种反应物缓慢加入另一种反应物中，通过搅拌的方式可以提高反应速率，或较好地控制反应温度，主要有机械搅拌和磁力搅拌两种。

【仪器及药品】

仪器：铁架台（带铁夹）、电热套、单口圆底烧瓶、三口圆底烧瓶、冷凝管、刺形分馏柱、温度计、导气管、橡胶管、梨形滴液漏斗、恒压滴液漏斗、温度计套管、接馏管、接收瓶（锥形瓶）、电动搅拌器、搅拌棒、磁力加热搅拌器（集热式加热搅拌器）、搅拌子、升降台。

药品：乙醇。

【实验装置图】

带干燥管的普通回流装置，带有气体吸收的回流装置，带有刺形分馏柱的分水回流装置，带测温及滴液漏斗的回流装置，带机械搅拌及测温的回流装置，带磁力搅拌、测温、恒压滴液漏斗、水浴加热的回流装置，如图1。

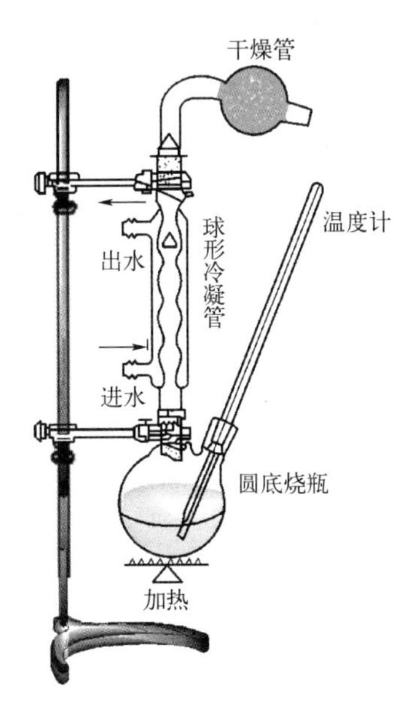

(a) 带干燥管的普通回流装置

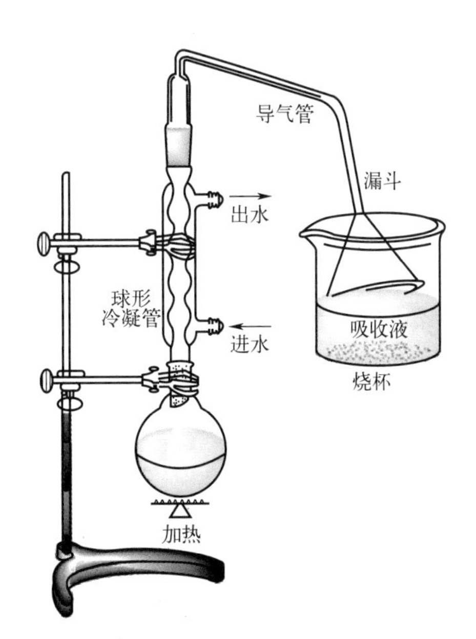

(b) 带有气体吸收的回流装置

图1

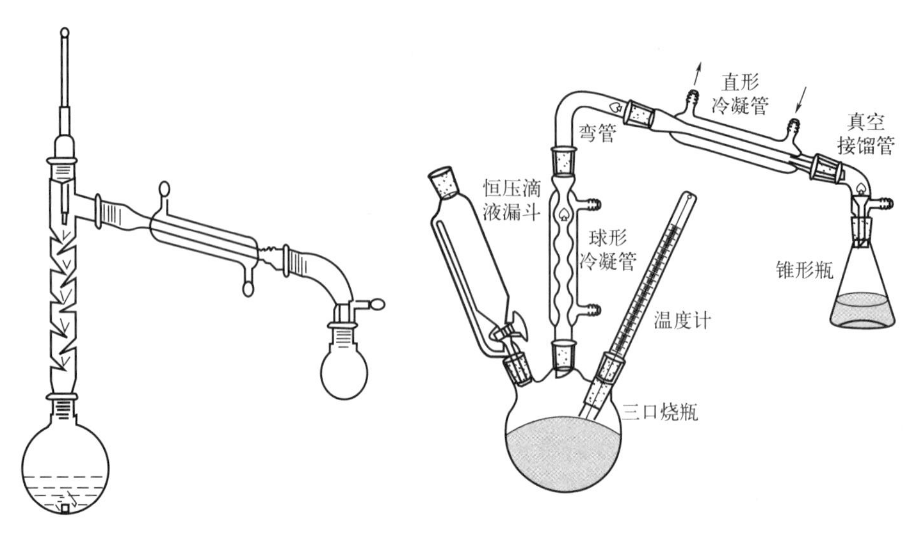

(c) 带有刺形分馏柱的分水回流装置

(d) 带测温及滴液漏斗的回流装置

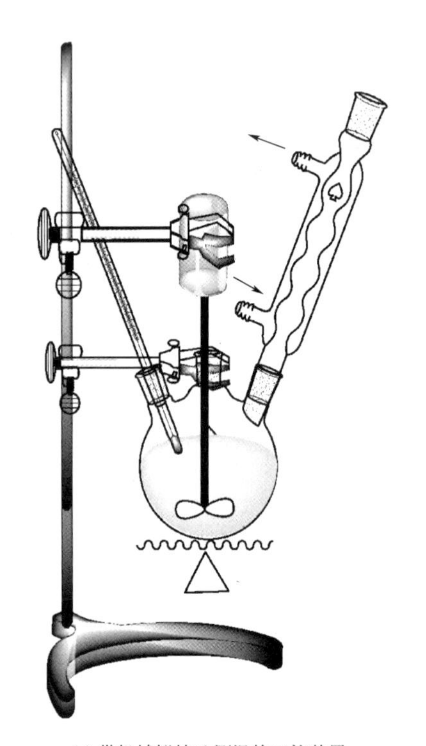

(e) 带机械搅拌及测温的回流装置

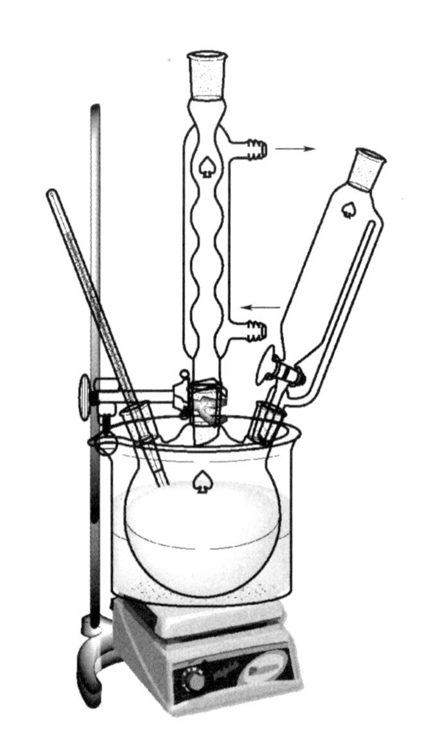

(f) 带磁力搅拌、测温、恒压滴液漏斗、水浴加热的回流装置

图1　常见回流装置图

【实验步骤】

1. 带干燥管的普通回流装置

(1) 组装装置　安装装置按照先下后上，从左至右的顺序进行。先将电热套（安装前先插上电源，打开开关，检查是否能正常加热）放于铁架台铁板上（平稳、端正，方便操作和观察）。再调整铁夹的位置和高度，安装好圆底烧瓶（圆底烧瓶保持悬空 1～2cm，四周与石

棉套距离均匀，不得接触石棉套，利用空气浴均匀加热）。用量筒量取 50mL 自来水加入圆底烧瓶。然后将橡胶管与冷凝管连接好，安装球形冷凝管，用铁夹固定好，按照“下进上出”的原则接通冷却水（一般为自来水），如图 1(a) 所示。

（2）加热沸腾　打开电热套开关，逐渐升高电压，直到瓶内水沸腾。关闭电源，停止加热，冷却后方可拆卸装置。装置拆卸按照先右后左，先上后下，与组装顺序相反。清洗、归还仪器，整理台面。

2. 带有气体吸收的回流装置

（1）组装装置　先将电热套放于铁架台铁板上，再调整铁夹的位置和高度，安装好圆底烧瓶。用量筒量取 50mL 自来水加入圆底烧瓶。然后将连接了橡胶管的冷凝管安装在圆底烧瓶上，用铁夹固定好，接通冷却水（下进上出），在冷凝管顶端安装导气管和橡胶管，橡胶管的末端与普通漏斗的颈相连接，并把漏斗倒置于盛装有气体吸收液的烧杯中，注意漏斗口刚好接触吸收液液面即可，如图 1(b) 所示。

（2）加热沸腾　打开电热套开关，逐渐升温加热，直到瓶内水沸腾，防止尾气吸收过程发生倒吸。关闭电源，停止加热，冷却后方可拆卸装置。

3. 带有刺形分馏柱的分水回流装置

（1）组装装置　先将电热套放于铁架台的铁板上，再调整铁夹的位置，安装好圆底烧瓶。用量筒量取 25mL 自来水和 25mL 乙醇加入圆底烧瓶。然后将刺形分馏柱安装在圆底烧瓶上，用铁夹固定好，在分馏柱支管组装直形冷凝管（先连接乳胶管），冷凝管末端连接尾接管（接馏管）和锥形瓶（接收瓶，可用升降台调节高度，能平稳放置锥形瓶，体系不可密闭，需与大气相通），分馏柱顶端安装温度计（注意温度计的液泡上端与支管下端平齐，液泡不可接触玻璃管内壁），接通冷却水（下进上出），如图 1(c) 所示。

（2）加热沸腾　用电热套逐渐加热升温，直到瓶内水沸腾，观察刺形分馏柱冷凝液滴回流到瓶内，最终液体由冷凝管冷凝后滴入接收瓶，此时观察沸腾时温度计的读数 $t=$ ________℃。收集约 5mL 液体，停止加热，关闭电源，冷却后方可拆卸装置。

4. 带测温及滴液漏斗的回流装置

（1）组装装置　先将电热套平稳放于铁架台的铁板上，再用铁夹固定三口圆底烧瓶的中间口（空气浴加热）。用量筒量取 30mL 自来水加入三口烧瓶中。然后将球形冷凝管（先连接好橡胶管）安装在三口烧瓶的中间口上，用铁夹固定好。在另外两个口分别安装滴液漏斗（装入 30mL 自来水）和温度计，注意温度计需伸入液面以下。注意体系不可密闭，需与大气相通，接通冷却水，如图 1(d) 所示。

（2）滴液、加热沸腾　用电热套逐渐加热升温，随后打开滴液漏斗活塞，控制滴速 50～60 滴每分钟，直到瓶内水沸腾，注意观察液体滴完后关闭活塞。观察沸腾时温度计的读数 $t=$ ________℃。加热结束，关闭电源，冷却后方可拆卸装置。

5. 带机械搅拌及测温的回流装置

（1）组装装置　确定电动搅拌器放置位置，调整铁夹，升高微型电机位置，并使电机面向操作者；将电热套置于微型电机的正下方，把三口圆底烧瓶悬空 1～2cm 安装在电热套中，用铁夹夹紧三口烧瓶的中间口，用持夹将铁夹固定在搅拌器的支柱上，调整三口烧瓶的位置，使装置垂直。把搅拌棒装入密封塞中，将搅拌桨从中间口深入瓶底，用轧头扎紧搅拌杆，调节高度，用手转动搅拌棒，应无内外玻璃碰撞声。然后低速开动搅拌器，观察运转情况，保证搅拌桨和密封塞、烧瓶瓶底间无摩擦声。然后在三口烧瓶的另外两个口中分别安装球形冷凝管（先连接好橡胶管）和温度计，温度计需伸入液面以下。注意体系不可密闭，需与大气相通，接通冷却水，如图1(e)所示。确保搅拌器运转正常，再投加物料进行实验。

（2）加热沸腾　用电热套逐渐加热升温，直到瓶内水沸腾，观察沸腾时温度计的读数 $t=$ ________℃。加热结束，关闭电源，冷却后方可拆卸装置。

6. 带磁力搅拌、测温、恒压滴液漏斗、水浴加热的回流装置。

（1）组装装置　确定磁力加热搅拌器位置，将水浴大烧杯放于搅拌器的加热台上，再向三口烧瓶中加入反应试剂（50mL自来水）和1粒搅拌子，将三口烧瓶悬空放置在水浴烧杯中，用铁夹固定三口烧瓶，中间口安装球形冷凝管（先连接好橡胶管）。然后两边口分别安装恒压滴液漏斗（装入30mL自来水）和温度计，温度计需伸入液面以下。水浴烧杯中加入自来水（液面距杯口2～3cm，防止沸腾后飞溅），注意体系不可密闭，需与大气相通，接通冷却水，如图1(f)所示。

（2）滴液、加热沸腾　打开加热，再打开磁力搅拌器，缓慢而均匀搅拌（注意搅拌速度不可太快，搅拌子不可在瓶内跳动，以防打坏烧瓶），随后打开恒压滴液漏斗活塞，控制滴速1～2滴每秒（注意观察液体滴完后关闭活塞），直到瓶内水沸腾，观察沸腾时温度计的读数 $t=$ ________℃。加热结束，关闭电源，冷却后方可拆卸装置。

【注意事项】

① 组装仪器先下后上，先左后右，保持装置稳固、整齐。

② 加热回流装置一定要与大气相通或体系减压，千万不能在常压密闭体系下加热，否则可能因体系内部压力过大而爆炸。

③ 加热前，先通冷却水。冷却水从冷凝管的下口进，上口出。

④ 反应结束一定先停止加热，稍冷却后，再停止通冷凝水。

⑤ 装置拆卸顺序：先右后左，先上后下，刚好与组装顺序相反。仪器一定要轻拿轻放，小心操作。

⑥ 组装带分水器的回流装置时，分水器中应事先装入低于支管1cm左右的水。

⑦ 组装带有搅拌、测温和滴加液体反应物料的回流装置时，密封装置的安装一定要严密。

【思考题】

① 冷凝管选择原则是什么？

② 在什么情况下需安装分水器进行分水？

③ 选择搅拌器的原则是什么？什么情况选用电动搅拌器？什么情况选用磁力搅拌器？

实验3　固液分离

【实验引入】

日常生活中，常常会遇到将被清洗的东西浸入水中清洗后再将水滤去的操作，比如过滤是常见的一种固液分离方法，能解决我们生活中很多问题，如淘米、净水、豆浆滤豆渣等。过滤在化学化工中也非常重要，过滤用于提纯除杂、洗涤等过程时可用一种过滤介质（如滤纸）使液体通过，截留下来的固体颗粒存留在介质上形成滤饼。抽滤也是过滤的一种，是通过真空泵将抽滤瓶中的空气抽出，形成压力差，加快溶液与不溶物质间分离速度的过滤方法。

【实验目标】

知识目标 掌握普通过滤、减压过滤、热过滤的基本原理；

技能目标 掌握几种不同过滤方法的操作技术；

价值目标 培养严谨、科学的学习态度。

【实验原理】

过滤是利用物质溶解性差异，将液体和不溶物分离的操作，包括普通过滤、减压过滤、热过滤。通过不同过滤装置可以将不同性质的固液混合物提纯净化。

普通过滤就是在常压下，用一种过滤介质（如滤纸）使液体通过，截留下来的固体颗粒存留在介质上形成滤饼。

减压过滤通常使用循环水真空泵或油泵使抽滤瓶内减压，由于瓶内与布氏漏斗液面上形成压力差，因而加快了过滤速度，并使沉淀抽吸得较干燥，但不宜过滤胶状沉淀和颗粒太小的沉淀，因为胶状沉淀易穿透滤纸，沉淀颗粒太小易在滤纸上形成一层密实的沉淀，从而堵塞滤纸小孔导致溶液不易透过。安装时应注意使漏斗的斜口与抽滤瓶的支管相对。布氏漏斗上有许多小孔，滤纸应剪成比漏斗的内径略小，但又能把瓷孔全部盖没的大小。用少量水润湿滤纸，开泵，减压使滤纸与漏斗贴紧，然后开始过滤。当停止抽滤时，需先拔掉连接抽滤瓶和泵的橡胶管，再关泵，以防倒吸。为了防止倒吸现象，一般在抽滤瓶和泵之间装上一个安全瓶。

热过滤，是用热滤漏斗将热的溶液（保持固液混合物温度在一定范围内）进行固液分离的一种化学实验操作。热过滤与“趁热过滤”有一定的区别。趁热过滤指将温度较高的固液混合物直接使用常规过滤操作进行过滤。如果溶液中的溶质在温度下降时容易析出大量晶体，而又不希望它在过滤过程中留在滤纸上，这时就要进行热过滤。热过滤需用热滤漏斗，将短颈玻璃漏斗放置于铜制的热漏斗内，热漏斗内装有热水以维持溶液的温度。内部玻璃漏斗的颈部要尽量短些，以免过滤时溶液在漏斗颈内停留过久，散热降温，析出晶体使装置堵塞。

本实验将通过普通过滤和减压过滤（抽滤）实现固体与液体的有效分离。

【仪器及药品】

仪器：漏斗、抽滤漏斗（布氏漏斗）、烧杯、玻璃棒、铁架台（含铁圈）、滤纸、抽滤瓶、胶管、真空泵。

药品：含有泥沙的浑水。

【实验步骤】

1. 普通过滤

（1）制作滤纸 将一张圆形滤纸连续对折两次（若为方形滤纸对折后需用剪刀剪去两个角），再捏住最外层将其展开，便得到一个一边一层另一边三层的漏斗形滤纸，把它放于漏斗内，用少量水润湿，使其紧贴于漏斗内壁。

（2）装置组装

（3）开始过滤 普通过滤做到“一贴、二低、三靠”，如图1(a)所示。

一贴：滤纸紧贴漏斗壁。二低：滤纸边缘低于漏斗口，液面低于滤纸边缘。三靠：烧杯

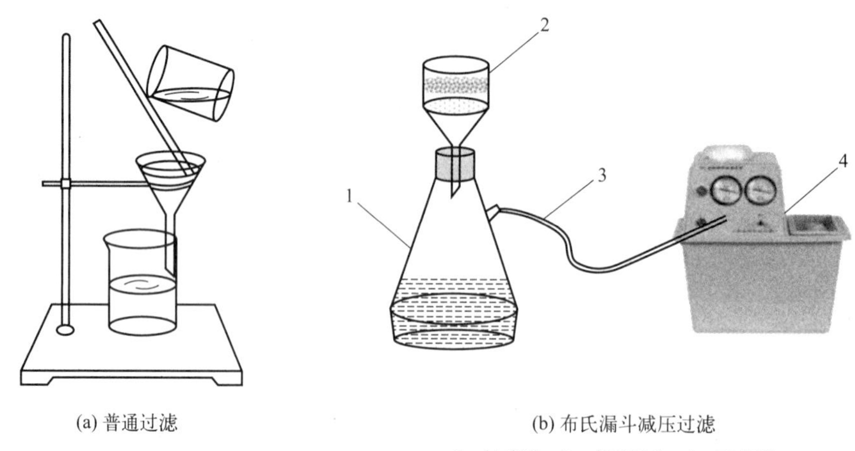

(a) 普通过滤

(b) 布氏漏斗减压过滤

1—抽滤瓶；2—布氏漏斗；3—真空管；
4—循环水真空泵

图 1　过滤装置

口紧靠玻璃棒，玻璃棒紧靠三层滤纸，漏斗颈部紧靠烧杯内壁。

2. 抽滤

（1）安装仪器　如图 1(b) 所示安装仪器，检查布氏漏斗与抽滤瓶（图 2）之间连接是否紧密，真空泵连接口是否漏气。

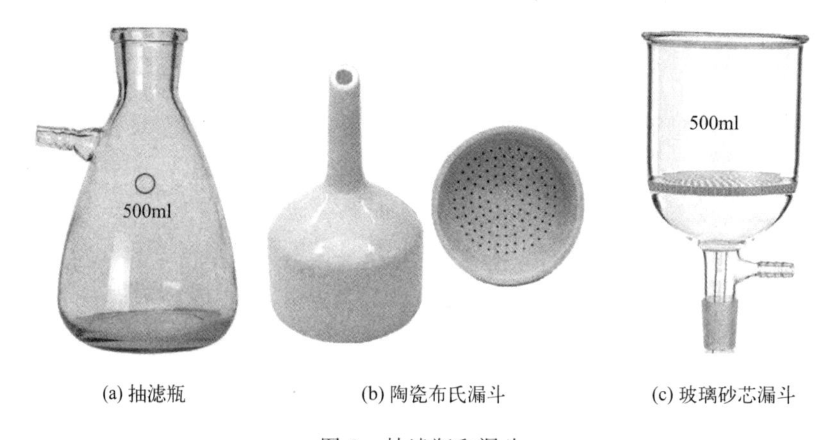

(a) 抽滤瓶　　(b) 陶瓷布氏漏斗　　(c) 玻璃砂芯漏斗

图 2　抽滤瓶和漏斗

（2）修剪滤纸　使滤纸内径略小于布式漏斗内径，但要把所有的孔都覆盖住。放入滤纸后，向滤纸上加少量水或溶剂，打开真空泵使抽滤瓶内减压，以使滤纸紧贴于漏斗底，避免在抽滤过程中有固体从滤纸边沿进入滤液中，关闭真空泵。

（3）开始抽滤　将 50mL 含有泥沙的水缓慢倒入布氏漏斗内，打开真空泵进行抽滤。在抽滤过程中，当漏斗里的固体层出现裂纹时，应用玻璃塞之类的物品将其压紧，堵塞裂纹。若固体需要洗涤时，可将少量溶剂洒到固体上，静置片刻，再将其抽干。之后拔掉布氏漏斗与真空泵的连接真空管，关掉真空泵。再从漏斗中取出固体将漏斗从抽滤瓶上取下，左手握漏斗管，倒转，用右手“拍击”左手，使固体连同滤纸一起落入洁净的纸片或表面皿上。揭去滤纸，再对固体做干燥处理。溶液应从抽滤瓶上口倒出，得到一瓶肉眼可见的清澈液体。

【注意事项】

1. 普通过滤

① 使用前清洗仪器，避免产品被污染。

② 注意防止滤纸破损，若破损就必须更换。

③ 滤纸不能太小或太大，必须紧贴漏斗内壁，否则会使过滤液从间隙流下，导致过滤效果不佳。

④ 过滤时滤液面要低于滤纸边缘，否则会使过滤液从间隙流下，导致过滤效果不佳。

⑤ 玻璃棒和漏斗末端引流，否则会造成液滴飞溅。

2. 抽滤

① 停止抽滤时先旋开安全瓶上的旋塞，恢复常压后，关闭抽气泵，否则会出现倒吸现象。但新型循环水真空泵具有防倒吸功能。

② 当过滤的溶液具有强酸性、强碱性或强氧化性时，要用玻璃纤维代替滤纸或用玻璃砂芯漏斗代替布氏漏斗。

③ 不宜过滤胶状沉淀或颗粒太小的沉淀，以免因堵塞滤纸小孔而不能过滤。

④ 必要时可以放入两张滤纸，以防滤纸破损。

【思考题】

① 抽滤和普通过滤有何差异？哪种方式更快？为什么？

② 过滤的作用是什么？

③ 为什么强碱性的液体不能用布氏漏斗？

④ 抽滤过程中有哪些方面需要注意？

实验4 萃取与分液

【实验引入】

19世纪末，能斯特分配定律的提出为萃取化学奠定了理论基础。从此，萃取技术开始应用于有机化工、石油化工等多个领域，并取得了良好的效果，如萃取技术在环境监测领域作为一种样品预处理手段。

萃取技术是一种分离技术，能从液体混合物中提取和提纯出所需要的化合物，并根据溶质在不同溶剂中溶解度不同，在不同温度和状态下，选择合适的溶剂和萃取方法，可以高效、快速地萃取出样品中的目标物质。萃取有两种方式：液-液萃取和固-液萃取。其中液-液萃取可以用苯来分离煤焦油中的酚和分离出石油馏分中的烯烃；固-液萃取常用于提取甜菜中的糖类、茶叶中的咖啡因，也能提高黄豆豆油的产量。

【实验目标】

知识目标 了解萃取与分液的基本原理；

技能目标 掌握分液漏斗的检漏、分液等操作方法；

价值目标 培养学生实验动手能力和观察现象、解释现象的能力。

【实验原理】

萃取的理论依据是分配定律：在相同的温度和压力下，同一物质溶解在两个互不相溶的液体里，达到溶解平衡后，该物质在两相中的浓度之比为定值。

本实验是利用物质对两个互不相溶（或微溶）的溶剂有着不同的溶解度（分配系数），溶质从溶解度小的溶剂转移到溶解度大的萃取溶剂中，再经分离过程将物质进行纯化。将一定量萃取溶剂加入到待萃取溶液中，经混匀达到溶解平衡后，溶质通过相界面被提取到萃取剂中，再利用分液的原理将萃取剂与被萃取液分开，如图1。分液过程需要使用分液漏斗，经过反复多次萃取，将绝大部分的物质提取出来。

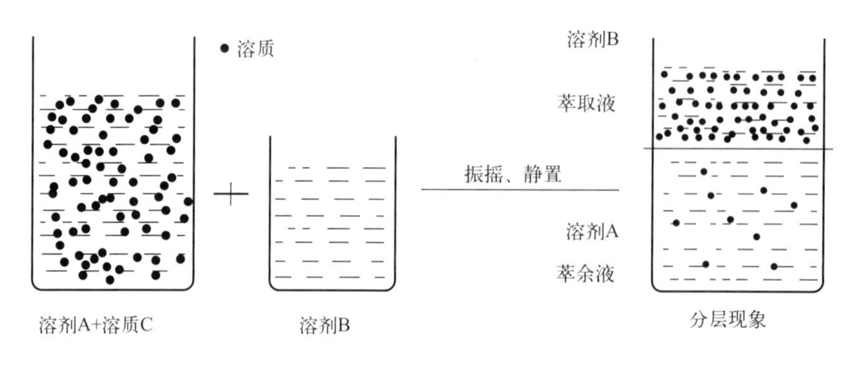

图1　萃取过程示意图

【仪器及药品】

仪器：200mL分液漏斗、100mL烧杯、25mL量筒、带铁圈的铁架台。

药品：碘水饱和溶液、二氯甲烷（25℃下，密度1.325g·cm^{-3}，分析纯）。

【实验步骤】

1. 分液漏斗的选择和检验

分液漏斗一般选择梨形漏斗，使用之前需要检漏。检查完毕将分液漏斗置于铁架台的铁圈上。

检漏方法：①关闭分液漏斗颈部旋塞，向分液漏斗内注入适量的蒸馏水，观察旋塞的两端以及漏斗的下口处是否漏水。②若不漏水，关闭上磨口塞，左手握住旋塞，右手食指摁住上磨口塞，将漏斗倒立，静置3min，用干燥的滤纸边接触活塞周围检查是否漏水；若不漏水，将漏斗正立，将上磨口塞旋转180°，倒立，用同样方法检查是否漏水，若不漏水，则此分液漏斗可以使用。

2. 加料振荡萃取

用量筒量取20mL碘水，倒入分液漏斗，再量取10mL萃取剂二氯甲烷加入分液漏斗，盖好玻璃塞，右手顶住玻璃塞，左手握住活塞进行振荡、放气，需重复振荡、放气操作几次。

3. 静置分层

将振荡后的分液漏斗放于铁架台的铁圈上，漏斗下端的管口紧靠烧杯内壁。

4. 分液

调整分液漏斗上口瓶塞的凹槽对准瓶口小孔，使漏斗内外与空气相通，轻轻旋动活塞，按“下走下，上走上”的原则分离液体。“下走下”即下层液体从下口放出，一般要缓慢放出，放液结束后，再静置一会儿，观察漏斗内是否还有分层，若有，需再次分液。“上走上”即上层液从漏斗上口倒出。

实验主要步骤示意图如图 2 所示。

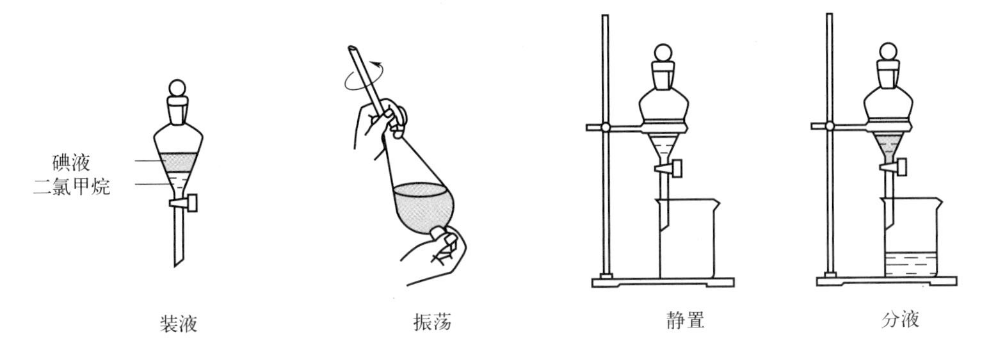

图 2 实验主要步骤示意图

5. 实验记录

请将实验过程的现象详细记录于表 1 中。

表 1 实验数据记录

步骤	观察项目	第 1 次静置	第 2 次静置	检漏结论
检漏	静置时间			漏□ 不漏□
加料	观察记录	取用碘水	取用二氯甲烷	混合后
	体积/mL			
	液体颜色			
振荡	观察现象	第 1 次振荡	第 2 次振荡	第 3 次振荡
	放气	有气体放出□ 无气体放出□	有气体放出□ 无气体放出□	有气体放出□ 无气体放出□
	颜色			
静置分层	实验现象	上层溶液颜色	下层溶液颜色	结论
	静置刚开始			
	静置结束后			
分液	实验现象	下层液	上层液	萃取分离后结论
	放出口	上口 □ 下口 □	上口 □ 下口 □	—
	溶液颜色			
	回收体积/mL			

【注意事项】

① 将溶液注入分液漏斗中，溶液总量不超过其容积的 3/4。

② 振荡操作过程中要放气 2～3 次，放气时要让分液漏斗仍保持倾斜状态，慢慢旋开旋塞，尖嘴不能对人，放出产生的气体，使内外压力平衡。

③ 分液时一定按照“上走上，下走下”的原则，防止上层液体混带有下层液体。

④ 放出下层液时必须缓慢，让漏斗内壁液体充分下流而减少损失。

⑤ 第一次分液结束后，不能立刻放出上层液，而需要再静置几分钟，观察是否有分层，

若有分层，表明第一次没有分完全，需要将下层液全部放出后再倒出上层液。

【思考题】

① 如何选择合适的萃取剂？

② 可以使用哪些有机试剂萃取水中的碘？

③ 如果将萃取剂换成苯，实验现象是否相同？

实验5 蒸馏与分馏

【实验引入】

古代酿酒有“九酝酒”之说，就是在酒醪中再投米曲九次。但无论如何，终究不能把酒做得极为醇烈。后人用“蒸馏法”才攻破这个难关。

蒸馏是利用混合液体或液-固体系中各组分沸点不同，使低沸点组分蒸发、冷凝，以分离整个组分的操作过程。蒸馏是蒸发和冷凝两种单元操作的联合。与其他的分离手段，如萃取、过滤、结晶等相比，它的优点在于不需使用系统组分以外的其他溶剂，从而保证不会引入新的杂质。按方式分，蒸馏可分为简单蒸馏、平衡蒸馏（闪蒸）、分馏（精馏）、水蒸气蒸馏；按操作压强分，可分为常压蒸馏、加压蒸馏、减压蒸馏。

一般情况下，普通蒸馏适用于分离沸点相差30℃以上的物质，但采用普通蒸馏出现分离不彻底而需要重复蒸馏时，可以选择分馏工艺进行分离。分馏又称精馏，是利用分馏柱将多次汽化-冷凝过程在一次蒸馏操作中完成的方法。因此，分馏实际上就是多次蒸馏，它更适合于分离提纯沸点相差不大的液态有机混合物，精细的分馏就是精馏。分馏（精馏）可将沸点相差1～2℃的液体混合物分开。

【实验目标】

知识目标 学习蒸馏与分馏的基本原理，理解蒸馏与分馏的区别；

技能目标 认识蒸馏的主要仪器并掌握蒸馏的基本操作，学会测定液体物质沸点；

价值目标 培养学生细致的观察力和敏锐的判断力。

【实验原理】

当液体加热时，有大量的蒸气产生，当内部饱和蒸气压与外界施加给液体表面的总压力（通常为一个大气压力）相等时，液体开始沸腾，此时的温度为该液体化合物的沸点。不同的化合物由于内部饱和蒸气压达到一个大气压时的温度不同，因此沸点不同。

蒸馏就是利用了这个特点，将液体混合物加热至沸腾，使液体汽化。在低沸点时，蒸气的组成以低沸点化合物为主，在相对较高沸点时，蒸气的组成以高沸点化合物为主。通过冷凝的方法收集不同沸点的蒸气，可以将混合物完全分离成单一组分。

除了普通蒸馏（图1）以外，常用的蒸馏方式还有减压蒸馏（图2）和水蒸气蒸馏（图3）。

1. 减压蒸馏

化合物的沸点总是随外界压力的不同而变化，某些沸点较高的（200℃以上）化合物在常压下蒸馏时，由于温度的升高，未达到沸点时往往发生分解、氧化或聚合等现象。此时，不能用常压蒸馏，而应使用减压蒸馏。通过降低体系内的压力而降低液体的沸点，从而避免这些不利现象的发生。许多有机化合物的沸点在压力降低到1.3～2.0kPa（10～15mmHg）

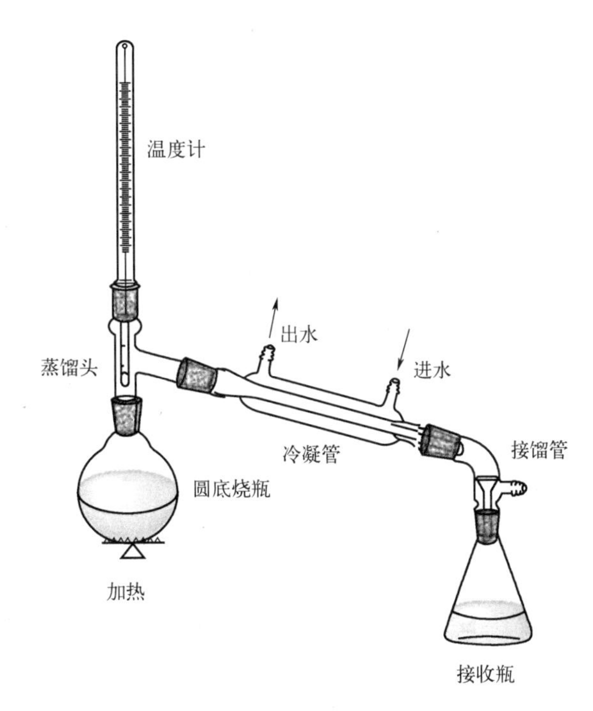

图 1 普通蒸馏装置

时，可以比其常压下沸点降低 80～100℃，如图 2 所示。因此，减压蒸馏对于分离或提纯沸点较高或性质不太稳定的液态有机化合物具有特别重要的意义。

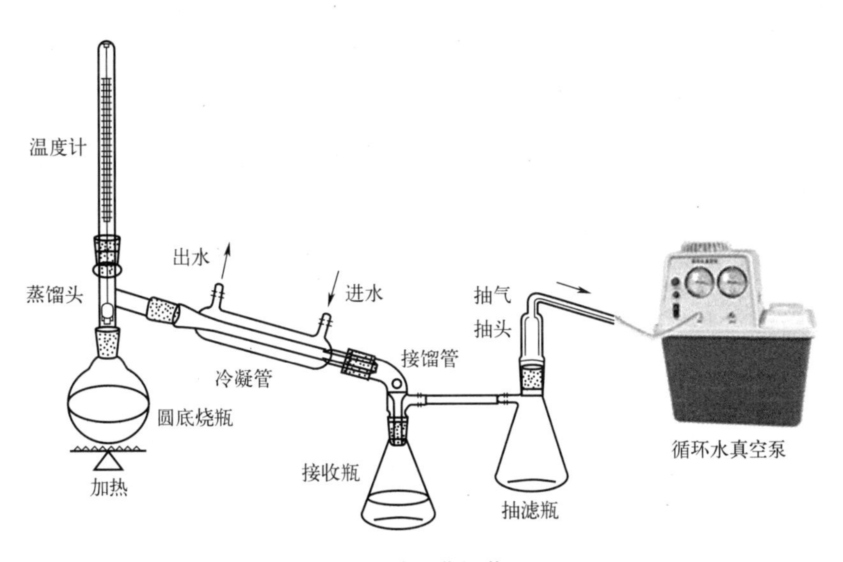

图 2 减压蒸馏装置

2. 水蒸气蒸馏

水蒸气蒸馏指将含有挥发性成分的植物材料与水共蒸馏，使挥发性成分随水蒸气一并蒸馏出，经冷凝分取挥发性成分的浸提方法。该法适用于具有挥发性、能随水蒸气蒸馏而不被破坏、在水中稳定且难溶或不溶于水的植物活性成分的提取，如图 3 所示。

纯净的化合物沸点是一定的。然而，由于化合物本身不纯使化合物沸点在一定范围内波

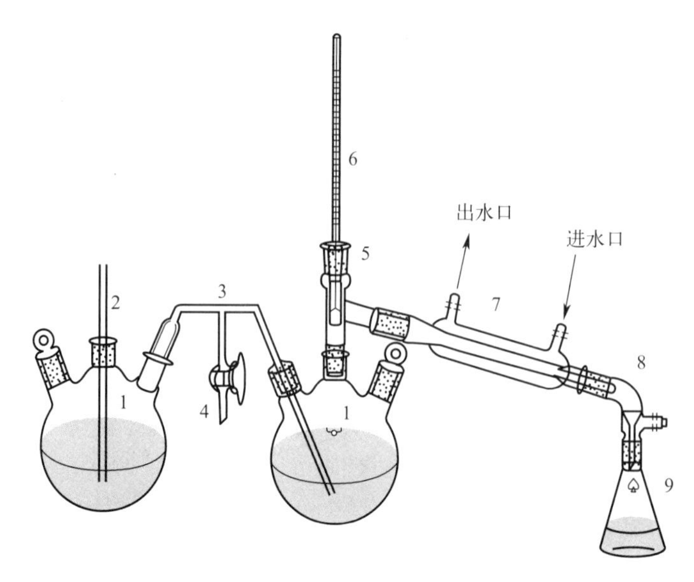

图 3　水蒸气蒸馏装置图

1—三口烧瓶；2—导气管；3—三通管；4—活塞；5—蒸馏头；6—温度计；
7—直形冷凝管；8—真空接馏头；9—接收瓶

动，我们将这种沸点波动的范围叫作沸程。通常沸程只有 1～2℃，沸程的长短与化合物的纯度有关，化合物的纯度越低沸程越长。

在压力一定时，凡是纯净的化合物，必定有一固定沸点。因此，一般可以利用测定化合物的沸点来鉴别其化合物是否纯净。但是，具有固定沸点的液体不一定都是纯净的化合物。因为有的两种和两种以上的物质会形成共沸混合物。共沸混合物的液相组成与气相组成相同。因此，在同一沸点下，其组成一样，用简单蒸馏的方法是不能将这种共沸混合物分开的。

当液体中溶入其他物质时，无论这种溶质是固体、液体还是气体，亦无论其挥发性大小，溶剂的蒸气压总是降低的，因而溶液的沸点会有变化。在蒸馏时，实际测量的不是溶液的沸点，而是馏出液的沸点，即馏出液气液平衡时的温度。馏出液越纯，该温度值越接近纯物质的沸点值。

蒸馏过程一般分为三个阶段，其馏出物分别被称为馏头、馏分和馏尾。

馏头：在达到欲收集物的沸点之前，常有沸点较低的液体流出，这部分馏出液称为馏头或前馏分。

馏分：馏头蒸完之后，温度稳定在沸程范围内，这时将流出欲收集之物，即为馏分。

馏尾：馏分蒸出后温度开始上升，所馏出的液体称为馏尾。

蒸馏是分离和提纯液态有机化合物常用的重要方法之一，还可以用来测定物质的沸点和定性地检验物质的纯度。一般来说，在合成完成后，先用简单蒸馏将低沸点的溶剂去除，然后再用其他方法进一步将化合物提纯。简单蒸馏的适用范围：只能用来蒸馏分离沸点相差 30℃以上的液体化合物，若温度相差再小，就必须使用分馏装置。

分馏原理是混合液经加热沸腾后，蒸气进入分馏柱中被部分冷凝，冷凝液在下降途中与继续上升的蒸气接触，二者进行热交换，蒸气中高沸点组分被冷凝，低沸点组分仍呈蒸气上升，而冷凝液中低沸点组分受热汽化，高沸点组分仍呈液态下降。结果是上升的蒸气中低沸点组分增多，下降的冷凝液中高沸点组分增多。如此经过多次热交换，就相当于连续多次的普通蒸馏，以致低沸点组分的蒸气不断上升，而被蒸馏出来；高沸点组分则不断流回到蒸馏瓶中，从而将它们分离。因此，分馏实际上是多次蒸馏。利用分馏装置经过反复多次的蒸馏可将沸点相差1～2℃的液体混合物分开。

沸点的测定方法——常量法：用蒸馏的方法测定液体的沸点。

【仪器及药品】

仪器：电热套、圆底烧瓶、蒸馏头、温度计导管、水银温度计、直形冷凝管、尾接管、接收瓶、铁架台、铁夹、量筒、沸石。

药品：工业酒精。

【实验步骤】

1. 搭建常压蒸馏装置

搭建规则：从下到上，从左向右，整套在“同一竖直平面”，不歪不斜，重心低，稳固。铁架台整齐放在实验台中后部，铁夹适宜地夹于烧瓶磨口处；温度计的水银球上沿应与蒸馏头支管下沿在同一水平线上，如图2所示。

2. 加料

取下温度计和温度计套管，在蒸馏头处放一长颈漏斗，注意长颈漏斗下口处的斜面应超过蒸馏头支管，用量筒量取工业酒精40mL（即为V_0），慢慢将待提纯工业酒精倒入100mL的圆底烧瓶中。液体不要超过圆底烧瓶容积的2/3，也不要少于1/3。为防止液体暴沸，再加入2～3粒沸石。

3. 加热

在加热前，应检查仪器装配是否正确，原料、沸石是否加好，冷凝水是否通入，一切无误再开始加热。用电热套开始加热时，电压可以调得略高一些，一旦液体沸腾，水银球部位出现液滴时，开始控制调压器电压，以蒸馏速度每秒1～2滴为宜。蒸馏时，温度计水银球上应始终保持有液滴存在。如果没有液滴说明可能有两种情况：一种是温度低于沸点，体系内气-液相没有达到平衡，此时，应将电压调高；二是温度过高，出现过热现象，此时，温度已超过沸点，应将电压调低。

4. 馏分收集

首先收集温度稳定前的流出液（通常收集<78℃），即馏头，体积V_1=________mL。收集馏分时，应取下接收馏头的容器，换一个经过称量干燥的容器来接收馏分，即产物。当温度超过沸程范围（>80℃），停止接收，用小量筒测量馏分（78～80℃）的体积V_2=________mL。沸程越小，蒸出的物质越纯。待溶液冷却后，烧瓶内的残余液体，称为馏尾，测量馏尾的体积V_3=________mL。

蒸馏结束，计算馏出率，计算公式：

$$馏出率=\frac{V_2}{V_0}\times 100\%$$

式中，V_0为所取工业酒精的体积，mL；V_2为蒸出馏分的体积，mL。

5. 常量法测沸点

在接收馏分的过程中，当温度恒定时，这时温度计的读数就是该产物的沸点。

请将蒸馏实验数据记录于表1中。

表 1 蒸馏实验数据记录

项目	体积/mL	收集时的温度/℃	颜色
工业酒精体积 V_0/mL		—	
馏头的体积 V_1/mL			
馏分的体积 V_2/mL			
馏尾的体积 V_3/mL			
馏出率/%			
馏分沸程/℃			

【注意事项】

① 蒸馏装置的搭建从下至上，从左至右；装置的拆卸正好相反。

② 仪器搭好后，加热之前必须检查装置的气密性。

③ 温度计的水银球上沿应在蒸馏头支管下沿的水平线上。

④ 冷却水的正确连接方式为下进上出。

⑤ 蒸馏时切记不要忘记加沸石，另外实验结束后将烧瓶中的沸石倒入垃圾桶内，禁止倒入水槽，以免堵塞下水管。

⑥ 选择仪器大小的标准为样品总体积不得超过烧瓶体积的 2/3。

⑦ 蒸馏速度应控制在 1～2 滴每秒，分馏速度应控制在 2～3 秒每滴。

【思考题】

① 在蒸馏装置中，把温度计的水银球插至靠近液面，测得的温度是偏高还是偏低，为什么？

② 当加热后有液体流出来，发现未通入冷凝水，应该怎样处理？

③ 沸石为什么能防止暴沸，如果加热一段时间后发现未加入沸石，应该如何处理？

实验 6 干　燥

【实验引入】

干燥是有机化学实验室中最常用到的重要操作之一，其目的在于除去化合物中存在的少量水分或其他溶剂。液体中的水分会与液体形成共沸物，在蒸馏时就有过多的“前馏分”，造成物料的严重损失；固体中的水分会造成熔点降低，而得不到正确的测定结果。试剂中的水分也会严重干扰反应，如在制备格林尼亚试剂（简称格氏试剂）或酰氯的反应中若不能保证反应体系的充分干燥，就得不到预期产物；而反应产物如不能充分干燥，则在分析测试中就得不到正确的结果，甚至可能得出完全错误的结论。所有这些情况中都需要用到干燥。干燥的方法因被干燥物料的物理性质、化学性质及要求干燥的程度不同而不同，如果处置不当就不能得到预期的效果。同样地，在实验过程中盛装试剂的玻璃器皿也需要经过一定的干燥处理，以避免水分对实验的干扰。常见的实验室干燥对象有玻璃器皿和试剂。

【实验目标】

知识目标　学习实验室常用的干燥方法；

技能目标　根据物料理化特征，学会正确选择干燥剂及其用量和干燥方法；

价值目标　培养严谨、科学的学习态度。

【实验原理】

利用干燥剂如无水氯化钙、无水硫酸钠、无水硫酸镁等吸收水分形成含有结晶水的盐类，或者利用分子筛吸附水分子干燥。详细过程见第1章1.3节。

【仪器及药品】

仪器：烘箱、锥形瓶、玻璃漏斗、滤纸、烧杯、铁架台、铁圈、玻璃棒。

药品：乙酸乙酯、粒装无水氯化钙干燥剂、变色硅胶。

【实验步骤】

1. 固体物质的干燥——使用烘箱与红外干燥箱

① 把需要加热的物品，如已变色的硅胶（吸潮后变为红色），置于烧杯，放入烘箱中，关好箱门，同时旋开顶部的排气阀。

② 接上电源后，即可开启加热开关，指示灯亮，同时可开启鼓风机开关，使鼓风机工作。

③ 温度设定：根据所需温度进行设置。

④ 待干燥过程结束后，手动关闭电源开关以停止加热。此时炉内温度较高，不可开箱，应待温度降至室温后再打开烘箱。

2. 液体的干燥——使用干燥剂干燥

① 装液：将待干燥的液体加入到干燥试剂瓶中。

② 加干燥剂：称取一定质量的选定干燥剂（如无水氯化钙或无水硫酸镁）加入待干燥液体容器中，并进行密封处理。

③ 振荡干燥、静置：在室温下，振荡试剂瓶，让干燥剂充分吸水，静置一定时间。

④ 过滤：利用玻璃漏斗对液体进行过滤，得到干燥后的澄清液体。

【注意事项】

① 烘箱为非防爆干燥箱，故带有易燃挥发物品，切勿放入干燥箱内，以免发生爆炸。

② 使用烘箱时，温度不能超过烘箱的最高使用温度，一般在250℃以下。

③ 烘箱应安放在室内干燥和水平处，防止振动和腐蚀。

④ 红外干燥箱放置处要有一定空间，四面离墙体的距离大于2m以上。

⑤ 干燥剂不能与待干燥的液体发生化学反应。如碱性干燥剂不能干燥酸性有机化合物。

⑥ 干燥剂不能溶解于所干燥的液体。

【思考题】

① 实验室对玻璃器皿的干燥有哪些方法？

② 对酒精进行干燥，可采用的干燥方法有哪些？

③ 干燥剂的选择应该注意什么？

实验7 显微熔点测定仪测定有机物的熔点

【实验引入】

物质的熔点是指该物质在标准大气压下由固态变为液态达到平衡时的温度。不同的物质及不同的纯度有不同的熔点，所以熔点的测定是确定物质纯度的重要方法之一，在化学工业、医药工业等行业中占有很重要的地位。一般显微熔点测定仪广泛应用于医药、化工、纺织、橡胶等方面的生产化验、检验，也广泛应用于对单晶或共晶等有机物质的分析。显微熔点测定仪能够观察物质在加热状态下的形变、色变及三态转化等物理变化过程。

【实验目标】

知识目标 了解熔点测定的意义，熟悉熔点测定仪的结构和使用方法；

技能目标 学会用显微熔点测定仪测定有机物的熔点，并观察聚合物的熔融过程；

价值目标 培养严谨的科学态度。

【实验原理】

熔点是固体化合物在大气压下固液两态达到平衡时的温度。纯净的固体有机化合物一般都有固定的熔点，即在一定压力下，固液两态之间的变化是非常敏锐的，自初熔至全熔（熔点范围，称为熔程），温度变化不超过0.5～1℃。如该物质含有杂质，则其熔点往往较纯物质的熔点低，且熔程也较长。这对于鉴定纯粹的固体有机化合物来讲具有很大价值，同时根据熔程长短又可定性地看出该化合物的纯度。

显微熔点测定仪的光学元件包括目镜、棱镜、物镜、反光镜、加热台组光学件及滤色片、偏光元件等。其光学原理：利用反光镜元件引进光源，照亮被测物体，经过显微物镜放大，在目镜线视场里可以清晰地看到从固态到液态熔融时的全过程。利用偏光元件可以观察各晶体物质的熔融状况。加热台组光学元件主要功能是隔绝外界干涉，尽可能防止加热台腔内散热及存放被测物质。棱镜元件使目镜光路相对于物镜光路旋转135°，这使操作者可以坐着使用仪器。例如，用白炽灯照明时，红光太强，用蓝滤色片减少红光的透过，让蓝光透过多为好，用日光灯照明时，可以不用滤色片，因为日光灯的光谱近似于太阳光谱。

因此，在测定化合物的熔点时，将放有被测物质的载玻片放在加热台腔内。然后盖上隔热片，旋转反光镜，使光线照亮加热台小孔。上下移动工作台，约在18mm处时慢慢移动，直至从目镜视野里能清晰地观察到被测物质为止。最后，观察显微镜下物质的状态。（盖玻片用22mm×22mm×0.17mm，载玻片用21mm×26mm×0.5mm。）

【仪器及药品】

仪器：显微熔点测定仪（附载玻片和盖玻片）、剪刀、镊子、脱脂棉。

药品：乙酰苯胺、咖啡因、尿素、无水乙醇。

【实验装置图】

X-6型显微熔点测定仪如图1所示。

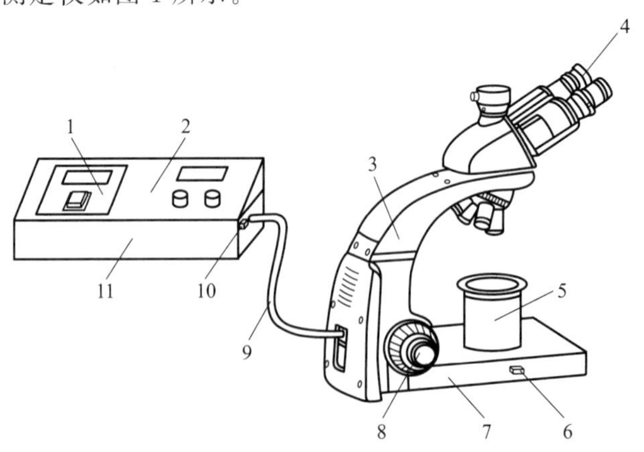

图1 显微熔点测定仪

1—操作面板；2—上盖板；3—升降支架；4—视镜；5—加热台；6—拉栓；7—仪器底座；8—升降旋钮；9—电源传输线；10—卡凸按钮；11—温控器底座

【实验步骤】

① 对新购仪器，电源接通，开关打到加热位置，从显微镜中观察加热台中心光孔是否处于视场中，若左右偏移，可左右调节显微镜来解决。前后不居中，可以通过松动加热台两旁的两颗螺钉进行调节，调节完毕后锁紧两颗螺钉。在推动加热台时，为了防止加热台烫伤手指，把波段开关和电位器扳到编号最小位置，即逆时针旋到底。

② 进行升温速率调整，可用秒表来调整。每60s记录一次温度数据，其升温速率为1℃·min^{-1}。升温速率太快或太慢可通过粗调和微调旋钮来调节。注意，即使粗调和微调旋钮不动，但随着温度的升高，其升温速率会变慢。

③ 将测温仪的传感器插入加热台孔底端，若其位置不对，将影响测量准确度。

④ 要得到准确的熔点值，先用熔点标准物质进行测量标定。求出修正值（修正值=标准值－所测熔点值），作为测量时的修正依据。注意：标准样品的熔点值应和所需的样品熔点值越接近越好。这时，样品的熔点值=该样品实测值＋修正值。

⑤ 对待测样品要进行干燥处理，或放在干燥器内进行干燥，粉末要进行研细。

⑥ 一般采用两片载玻片中间放置样品。当采用载-盖玻片测量时，建议将盖玻片（薄的一块）放在加热台上，放上药粉，再放上载玻片测量。

⑦ 盖上隔热玻璃。

⑧ 松开显微镜的升降旋钮，参考显微镜的工作距离，上下调节显微镜，直到从目镜中能观察到加热台中央待测物品轮廓时锁紧旋钮；然后调节调焦旋钮，直到能清晰地观察到待测物品为止。

⑨ 打开调压测温仪的电源开关。

⑩ 根据被测物品的熔点温度值，控制调温旋钮1或2，在达到被测物品熔点前的升温过程中，前段（距熔点40℃左右）升温迅速（全部最高电压加热）、中段（距熔点10℃左右）升温减慢，后段（距熔点10℃以下）升温平稳（约每分钟升温1℃）。

⑪ 观察被测物品的熔化过程，记录初熔和全熔时的温度值，用镊子取下隔热玻璃和载玻片，完成一次测量。在数字温度显示的最后一位稳定后读数，如最后一位始终在7和8之间跳动时应读为7.5℃。

⑫ 在重复测量时，开关处于中间关的状态，这时加热停止。将散热器放在加热台上，使温度降至熔点值40℃以下时，放入样品，开关打到加热时，即可进行重复测量。

⑬ 测试完毕，应切断电源，当加热台冷却到室温时，方可将仪器装入包箱内。

⑭ 用过的载玻片可用乙醚擦拭干净，以备下次使用。

【注意事项】

① 调节升温速率使每分钟上升2.5～3.0℃；待测样品开始局部液化时（或开始产生气泡时）的温度作为初熔温度。

② 待测样品固相消失全部液化时的温度作为全熔温度。遇有固相消失不明显时，应以待测样品分解物开始膨胀上升时的温度作为全熔温度。

③ 某些药品无法分辨其初熔、全熔时，可以将其发生突变时的温度作为熔点。

【思考题】

① 为什么测熔点过程中不同的阶段要进行升温速度的调节？

② 测定熔点的待测样品为什么要进行干燥处理？

③ 为什么少量杂质总是降低有机化合物的熔点？

实验 8 毛细管法测定有机物的熔点和沸点

【实验引入】

在生活中，绝大部分的物质都是含有杂质的，比如在纯净的液态物质中溶有少量杂质，即使数量很少，该物质的熔点也会有很大的变化。例如水中溶有盐，熔点就会明显下降，海水就是溶有盐的水，因此，海水冬天结冰的温度比河水低。饱和食盐水的熔点可下降到约－22℃，因此，北方的城市在冬天下大雪时，人们常常往公路的积雪上撒盐，只要这时的温度高于－22℃，足够的盐总可以使冰雪融化，这就是一个在日常生活中利用了混合物熔点降低原理的应用案例。

在有机化学工业中，熔点的测量是检测和分析物质纯度的基本手段。例如，购买的原辅料常需要测定其熔点，从而确保原料质量符合要求。另外，在药物生产过程中，熔点是能够反映药物分子结构特性和药物纯度的物理常数，不仅可以鉴别药物，而且是判断药物纯度的重要依据。

目前，熔点测定方法主要有毛细管熔点测定法、显微熔点测定法、数字熔点测定法、微机型熔点测定法和激光熔点测定法等。这些测量方法各有利弊，其中毛细管法具有仪器设备简单、样品用量少、操作简单方便等优点，在固体有机物的熔点测试中应用广泛，本实验将学习如何采用毛细管法测定有机化合物的熔点。

沸点的测定原理和熔点基本相同，本实验将学习采用毛细管法测定有机化合物的沸点。

【实验目标】

知识目标 掌握毛细管法测定熔、沸点的概念和原理，了解测定熔、沸点的意义和应用；

技能目标 学会毛细管法测定熔、沸点操作方法，学会用熔、沸点判断物质的纯度；

价值目标 培养学生实验动手能力和观察现象、解释现象的能力。

【实验原理】

1. 熔点测定

① 熔点指固体化合物在大气压力下固液两态达到平衡时的温度。纯净的固体有机化合物的熔点一般都是固定的。混合物的熔点一般都比纯物质的熔点低。两种熔点相同的不同有机化合物混合后的熔点降低。

② 熔程（熔距）指被加热的固体化合物从开始熔化（始熔温度）至全部熔化的温度（全熔温度）的变化范围。纯物质的熔程一般不超过 0.5～1℃。熔点仅是一个温度点，而熔程则是一个温度范围。若某一化合物中含有极少量的杂质，会导致其熔点降低，熔点降低得越多，可以判断其杂质含量越高，反之，则其纯度越高。

③ 测定方法为毛细管法。

2. 沸点测定

① 沸点：将液体加热，它的饱和蒸气压就随着温度升高而增大，当液体的蒸气压增大到与外界施于液面的总压力（通常是大气压力）相等时，就有大量气泡从液体内部逸出（沸腾），此时的温度就是液体的沸点。

② 在一定压力下，纯净化合物必有一固定沸点。

③ 测定方法为微量法。

【仪器及药品】

仪器：毛细管、b形管（提勒管）、水银温度计（0～150℃）、酒精灯、铁架台（铁夹）、玻璃管、表面皿、玻璃试管。

药品：萘（熔点 80～82℃，沸点 217.9℃，凝固点 80.5℃）、乙醇（20℃时，密度 $0.7893g \cdot cm^{-3}$，熔点－114.1℃，沸点 78.3℃）。

【实验步骤】

1. 熔点测定

（1）熔点管、沸点管的制备　将毛细管截取合适的长度，把一端在火焰上封口即可。

（2）样品的填装　将毛细管的一端封口，把待测物质研成粉末，将毛细管未封口的一端插入粉末中，使粉末进入毛细管，再将其开口向上从大玻璃管（注意在特定的玻璃管中装样）中滑落，使粉末进入毛细管的底部（图1）。重复以上操作，直至有2～3mm粉末紧密装于毛细管底部。管外样品粉末擦干净，样品要研细、装实，否则不易传热，影响测定结果。

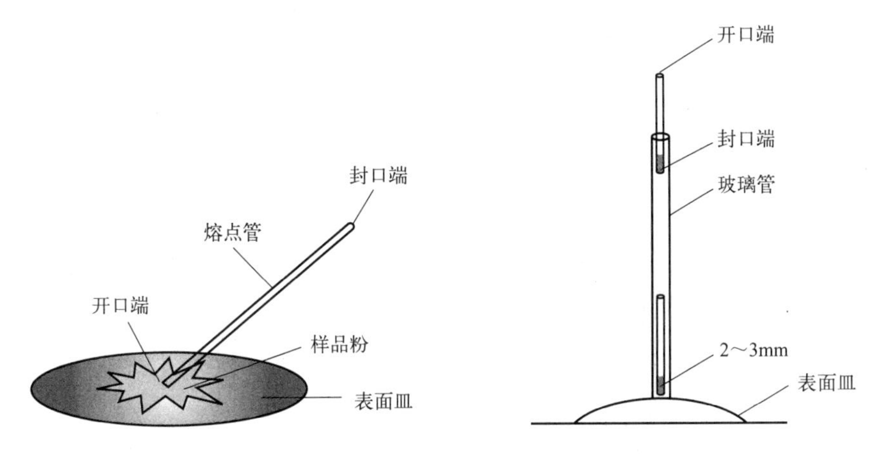

图1　样品填装示意图

（3）仪器的安装　将b形管夹在铁架台上，装入浴液，使液面高度达到b形管上侧管时即可。用橡胶圈将毛细管紧附在温度计上（橡胶圈不要触及浴液），样品部分应靠在温度计水银球的中部。温度计水银球恰好在b形管的两侧管中部为宜，如图2所示。

（4）测定熔点　粗测：慢慢加热b形管的支管连接处，使温度每分钟上升约5℃。观察并记录样品开始熔化时的温度，此为样品的粗测熔点，作为精测的参考。

精测：待浴液温度下降到30℃左右时，将温度计取出，换另一根熔点管，进行精测。开始升温可稍快（温度每分钟上升约5℃），当温度升至离粗测熔点约10℃时，控制火焰使每分钟升温不超过1℃。当熔点管中的样品开始塌落、湿润和出现小液滴时，表明样品开始熔化，记录此时温度，即为样品的始熔温度 $t_{始熔}$ = ________℃。继续加热，至固体全部消失变为透明液体时再记录此时的温度，该温度为样品的全熔温度 $t_{全熔}$ = ________℃。样品熔点表示为：$t_{始熔} \sim t_{全熔}$。

将数据填写于表1中。

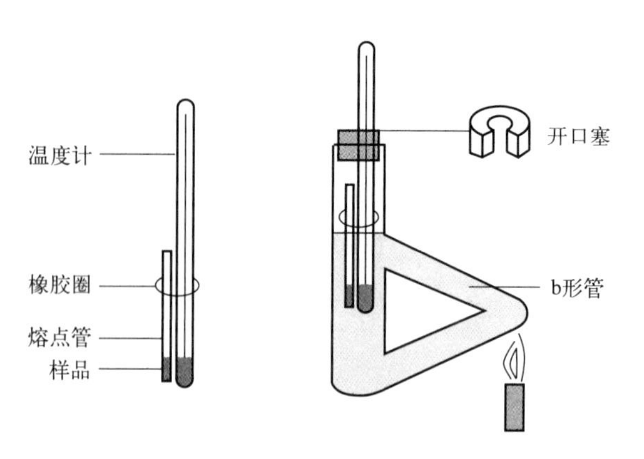

图 2 熔点测定装置图

表 1 熔点测定实验记录表

测定项目	试剂		开始萎缩温度/℃	$t_{始熔}$/℃	$t_{全熔}$/℃	分析判断
熔点	萘	1				
		2				

2. 沸点测定

(1) 装置图（如图 3 所示） 该装置与熔点测定装置基本相同。不同之处是将附在温度计上的熔点测定毛细管改为沸点管。

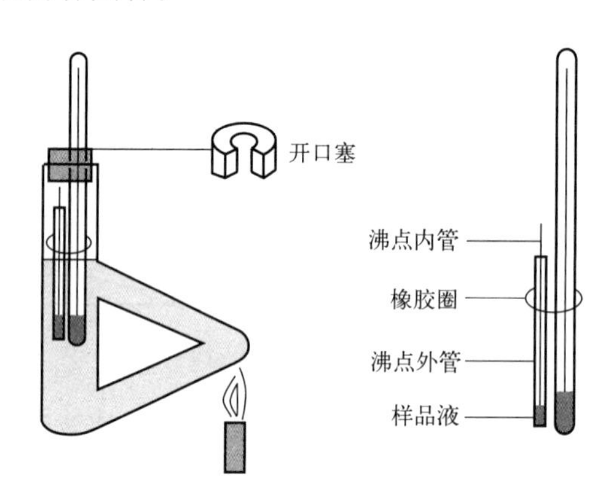

图 3 沸点测定装置图

(2) 沸点管制备 检查所拉制好的沸点外管、内管有无封闭。

(3) 样品装入 用滴管吸取待测液（本实验为乙醇）于沸点管外管中，高约 1cm，将内管开口端向下插入外管中。

(4) 沸点测定 将沸点管捆于温度计上，使样品部分置于水银球侧面中部，并插入 b 形管中加热。将浴液（本实验为水）慢慢加热，使温度均匀上升，加热时由于气体膨胀，内管中会有小气泡缓缓逸出，在达到液体的沸点时，将有一连串的小气泡快速地逸出。此时立即停止加热，使浴温自行慢慢下降，气泡逸出速度即渐渐减慢；当气泡停止逸出，液体开始进入毛细管时，或当最后一个气泡刚欲缩回至内管中时，记录此时温度，即为该液体的沸点 t_1＝________℃，然后温度下降 3～5℃时再非常缓慢地加热，记下刚出现大量气泡时的温

度 t_2= ________℃。两次温度计的读数相差应该不超过1℃。

将数据填写于表2中。

表2 沸点测定实验记录表

测定项目	试剂		t_1/℃	t_2/℃	分析判断
沸点	乙醇	1			
		2			

【注意事项】

① 熔点管和沸点内、外管在做实验前要检查是否封好。测熔点样品的填装必须紧密结实。

② 升温速度不宜太快，特别是当温度将要接近该样品的熔点时，升温速度更不能快。一般情况是，开始升温时速度可稍快些（5℃·min^{-1}），但接近该样品熔点时升温速度要慢（1～2℃·min^{-1}）。测定未知物熔点时，第一次可快速升温，测定化合物的大概熔点。

③ 样品开始萎缩（蹋落）并非熔化开始的指示信号，实际的熔化开始于能看到第一滴液体时，记下此时的温度，到所有晶体完全消失呈透明液体时再记下这时的温度，这两个温度即为该样品的熔点范围。

④ 熔点的测定至少要有两次重复的数据，每一次测定都必须用新的熔点管，装新样品。进行第二次测定时，要等浴温冷至其熔点以下30℃左右再进行。

⑤ 使用硫酸作加热浴液（加热介质）要特别小心，不能让有机物碰到浓硫酸，否则使溶液颜色变深，有碍熔点的观察。若出现这种情况，可加入少许硝酸钾晶体共热后使之脱色。采用浓硫酸作热浴，适用于测熔点在220℃以下的样品。若要测熔点在220℃以上的样品可用其他热浴液。

【思考题】

① 为什么可以采用熔点法测定有机化合物的纯度？

② 与测熔点装置相比较，沸点测定的装置有什么不同？

③ 怎样判断样品的沸点？

④ 熔点测定安装装置时及测定熔点时的注意事项是什么？

实验9 升华分离提纯

【实验引入】

固态的碘受热直接变成碘蒸气的过程是升华；樟脑丸逐渐变小是升华；冰受热直接变成水蒸气是升华；灯泡用久了会变黑，是因为灯丝（钨）受热而升华；干冰受热变为气态二氧化碳是升华；气体碰到玻璃，遇冷凝华；舞台上看到的雾，就是利用干冰升华吸热，使得周围温度降低，由空气中的水蒸气遇冷液化成的小水滴。升华和凝华是物态变化中的两种现象，与熔化和凝固、汽化和液化四种现象一起构成完整的物态变化体系。

在有机化学实验中，升华常被用来提纯产物。例如，从茶叶中提取咖啡因的实验中，提取物是黏稠的棕色混合物（咖啡因和多种有机杂质的混合物）。要从这种混合物中提纯咖啡因，需用升华法：把混合物放进陪替式培养皿，用滤纸盖住培养皿，再把盛有水的烧杯压在滤纸上（为了使滤纸盖得严实，也为了冷却），之后加热培养皿，5min后停止加热，会看到滤纸上出现白色结晶，即为纯净的咖啡因。这是由于在加热过程中，咖啡因升华了，之后在温度较低的滤纸上凝华成为结晶。杂质没有升华，所以留在了混合物中。合成二茂铁的实验中，粗产物以类似的方法加热从而使二茂铁升华再凝华。本实验学习升华的原理及操作方法。

【实验目标】

知识目标 了解升华和凝华的原理和方法；

技能目标 掌握正确的升华提纯操作；

价值目标 培养学生的观察能力和对细节的把控力。

【实验原理】

① 固态物质加热时不经过液态而直接变为气态，这个过程叫作升华。蒸气受到冷却后又直接冷凝为固体，这个过程叫作凝华。固态物质能够升华的原因是其在固态时具有较高的蒸气压，受热时蒸气压变大，达到熔点之前，蒸气压已相当高，可以直接气化。

② 升华是提纯固体有机化合物的常用方法之一。若固态混合物中各个组分具有不同的挥发度，则可利用升华使易升华的物质与其他难挥发的固体杂质分离开来，从而达到分离提纯的目的。这里的易升华物质指的是在其熔点以下具有较高蒸气压的固体物质，如果它与所含杂质的蒸气压有显著差异，则可取得良好的分离提纯效果。

③ 升华法只能用于在不太高的温度下有足够大的蒸气压（在熔点前高于2.67kPa）的固态物质的分离与提纯，因此具有一定的局限性。升华法的优点是不用溶剂，产品纯度高，操作简便。它的缺点是产品损失较大，一般用于少量（1～2g）化合物的提纯。

【仪器及药品】

仪器：蒸发皿、研钵、滤纸、玻璃漏斗、酒精灯、玻璃棒、表面皿。

药品：樟脑或萘与氯化钠的混合物。

【实验装置图】

升华装置如图1所示。

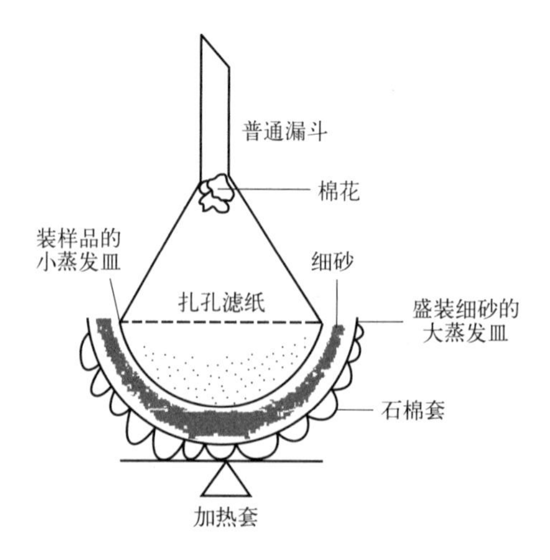

图1 升华装置

【实验步骤】

① 升华装置（图 1）：准确称取 0.5～1.0g 待升华物质 m_1＝______ mg（可用樟脑或萘与氯化钠的混合物），烘干后研细，均匀铺放于一个蒸发皿中，盖上一张刺有许多小孔（直径 2～3mm）的滤纸，然后将一个大小合适的玻璃漏斗（直径稍小于蒸发皿和滤纸）罩在滤纸上，漏斗颈用棉花塞住，防止蒸气外逸，减少产品损失。

② 加热：隔石棉网用酒精灯加热，慢慢升温，温度必须低于其熔点，待有蒸气透过滤纸上升时，调节灯焰大小，使其慢慢升华，上升蒸气遇到漏斗壁冷凝成晶体，附着在漏斗壁上或者落在滤纸上。当透过滤纸的蒸气很少时停止加热。

③ 产品的收集：用硬小纸片或刮刀，将漏斗壁和滤纸上的晶体轻轻刮下，置于洁净的表面皿上，即得到纯净的产品。称重 m_2＝______ mg，计算产品的收率。

【实验记录】

观察并记录实验数据于表 1 中。

表 1　实验现象及数据记录表

产品外观			
待升华物质 m_1/g		升华产品 m_2/g	
产品的收率			

【注意事项】

① 升华温度一定控制在固体化合物的熔点以下。

② 样品一定要干燥，如有溶剂将会影响升华后固体的凝结。

③ 滤纸上小孔的直径要大些，以便蒸气上升时顺利通过。

【思考题】

① 什么是升华？

② 产品收率较低的可能原因有哪些？

③ 升华提纯实验中应注意什么？

实验 10　有机化合物的重结晶

【实验引入】

有机化合物被大量应用于佐料、生活用品、服装、住宅及医疗产业等。在我国制药工业中，超过 90%的药物需以晶体形式存在，大部分药物不仅需要药物活性组分以特定晶型存在，而且晶体尺寸一般控制在 0.1～10μm 之间。控制颗粒形状、尺寸、表面性质和热力学性质是非常重要的，因此结晶过程在医药生产中是一道很重要的工序。粗产品在结晶前，杂质含量较高，晶型很差，多数情况没有明显晶型，但结晶后，颜色较亮，晶型规则，纯度较高。

重结晶是将晶体溶于溶剂或熔融以后，又重新从溶液或熔体中结晶的过程。重结晶可以使不纯净的物质获得纯化，或使混合在一起的盐类彼此分离。利用重结晶可提纯固体物质，某些金属或合金重结晶后可使晶粒细化，或改变晶体结晶，从而改变其性能。重结晶法不仅能提高产物纯度，而且操作方法简单、安全可控、纯化效果好、适合大规模生产。

【实验目标】

知识目标 掌握重结晶的原理和方法，了解有机化合物的结晶，掌握溶剂的选择与热饱和溶液的制备；

技能目标 掌握重结晶操作技术和方法，掌握热过滤和抽滤的操作方法；

价值目标 培养学生细致的判断力和敏锐的观察力。

【实验原理】

① 固体有机化合物在任何溶剂中的溶解度均随温度的升高而升高。

② 被提纯的化合物，在不同溶剂中的溶解度与化合物本身的性质以及溶剂的性质有关。

③ 重结晶中选用理想的溶剂，必须要求：a. 溶剂不应与重结晶物质发生化学反应；b. 重结晶物质在溶剂中的溶解度应随温度变化显著，即高温时溶解度大，而低温时溶解度小；c. 杂质在溶剂中的溶解度或者很大，或者很小；d. 溶剂应容易与重结晶物质分离；e. 能使被提纯物生成整齐的晶体；f. 溶剂应无毒，不易燃，价廉易得并有利于回收利用。

④ 重结晶的一般过程包括：a. 选择适宜的溶剂；b. 热饱和溶液的配制；c. 热过滤除去杂质；d. 晶体的析出；e. 晶体的收集和洗涤；f. 晶体的干燥。

【仪器及药品】

1. 蒸发重结晶——以食盐的重结晶为例

仪器：铁架台（铁圈）、烧杯、蒸发皿、玻璃棒、电热套、酒精灯。

药品：NaCl、水。

2. 冷却热饱和溶液重结晶——以乙酰苯胺的重结晶为例

仪器：加热套、封闭式电炉、烧杯、玻璃棒、普通漏斗、热滤漏斗（铜制）、铁架台（铁圈）、布氏漏斗、抽滤瓶、循环水真空泵、真空管、玻璃塞、金属药匙、表面皿、烘箱、滤纸。

药品：乙酰苯胺、水、活性炭。

3. 改变溶剂极性重结晶——以萘的重结晶为例

仪器：铁架台（铁圈）、烧杯、玻璃棒、普通漏斗、圆底烧瓶、球形冷凝管、锥形瓶、滴管、布氏漏斗、表面皿、玻璃塞、滤纸、沸石。

药品：萘、乙醇（70%）、水。

【实验装置图】

热过滤示意图如图 1 所示。

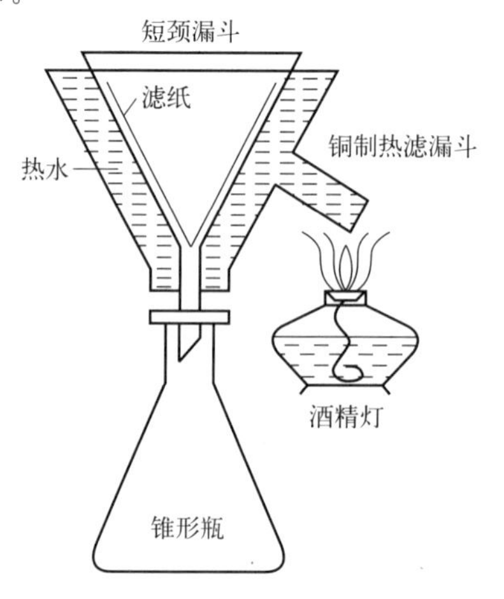

图 1　热过滤示意图

【实验步骤】

1. 蒸发重结晶

① 准确称取2g左右NaCl于100mL的烧杯中，记录具体质量 m_1=________g，加入40mL纯净水，搅拌至全部溶解。如不能全溶，则补加少量水直至恰能完全溶解，再补加1～2mL。

② 安装好装置（图1)。注意：调节蒸发皿高度，以便利用酒精灯外焰加热。

③ 添加待蒸发液至蒸发皿中。注意：添加液体不能超过蒸发皿容积的2/3，否则可能导致液体飞溅。

④ 加热。注意：加热的过程中必须用玻璃棒不断搅拌。

⑤ 停止加热，准确称重 m_2=________g，最后计算产率。注意：蒸发结晶不应该把液体完全蒸干才停止加热，应该待有较多晶体析出时，便停止加热，利用余热将剩余水分蒸干。

2. 冷却热饱和溶液重结晶

① 称取约2g含有杂质的乙酰苯胺于150mL的烧杯中，记录具体质量 m_3=________g，加入40mL纯净水，置于电炉上，边搅拌边加热，加热至沸腾。

② 加水至乙酰苯胺全部溶解，再加入20～30mL的纯净水，然后将烧杯移下电炉，放置稍冷。

③ 若有杂色可加入0.05g活性炭。然后加热5～10min，用铜制热滤漏斗进行热过滤。也可以拿预热过的抽滤瓶和布氏漏斗、一杯沸腾了的热水和一个空烧杯到抽气装置附近，进行热抽滤。

④ 除去滤渣，将滤液放入空烧杯，然后自然冷却结晶，待冷却至室温，再进行抽滤。

⑤ 抽滤完成后，将晶体放入已称重过的表面皿中，在烘箱中90℃干燥后，称量放入晶体后的表面皿的质量，相减得到晶体的质量 m_4=__________g，最后计算产率 y=________%。

3. 改变溶剂极性重结晶

① 准确称取3g粗萘于100mL锥形瓶中，记录具体质量 m_5=________g，再加入分析纯的乙醇8mL，用玻璃棒搅拌使之溶解。观察溶解情况，如不能全溶，用滴管滴加乙醇约1mL，搅拌后，观察溶解情况。直至全部溶解后进行下一步骤。

② 向溶液中逐滴加入蒸馏水，并不断振荡，观察溶液浑浊和沉淀产生情况。静置后，向上层液滴加自来水，直至浑浊度不再增加为止。

③ 用布氏漏斗抽滤。滤完后，再用冷水浴冷却。待结晶完全后，用布氏漏斗抽滤，用约1mL冷的70%乙醇洗涤晶体，抽滤。将晶体转移至表面皿上，在空气中晾干或放入干燥器中干燥，待充分干燥后称重 m_6=________g。

【实验记录】

请将实验过程中各参数和实验现象记入表1中。

表1 实验记录表

方法	项目	文字、数字记录	拍照记录(如有)
乙酰苯胺的冷却热饱和溶液重结晶法	乙酰苯胺重结晶前的质量 m_3/g		
	乙酰苯胺重结晶后的质量 m_4/g		
	抽滤时间/min		
	重结晶产率 y/%		

续表

方法	项目	文字、数字记录	拍照记录(如有)
萘的改变溶剂极性的重结晶法	重结晶前萘的质量 m_5/g		
	重结晶后萘的质量 m_6/g		
	重结晶产率 y/%		

【注意事项】

① 实验前需要对实验仪器进行清洗。

② 实验过程中轻拿轻放，避免仪器破碎，划伤手指。

③ 抽滤时，先拔下抽滤的气管，再关真空泵。

④ 实验结束后将所有仪器清洗干净并归位。

【思考题】

① 列举重结晶的优点有哪些？

② 重结晶后的产率偏低是什么原因？

③ 溶剂的选择要考虑哪些因素？

实验 11　薄层色谱分离——偶氮苯与苏丹红Ⅳ的薄层色谱

【实验引入】

薄层色谱主要用于：监测化学反应进行的程度；一些结构和性质相似的混合物的分离纯化；已知试样为参照物，测定 R_f 值判断未知试样与已知试样是否为同一化合物；确定化合物的纯度。

【实验目标】

知识目标　了解薄层色谱的原理及应用，了解 R_f 值的计算及意义；

技能目标　掌握薄层色谱板的制作、点样、展开层析分离混合物的操作方法；

价值目标　培养专注细致的观察力和勤动手、勤思考的能力。

【实验原理】

薄层色谱是利用硅胶（二氧化硅）或三氧化二铝作为固定相，以溶剂作为流动相，利用有机混合物在固定相和流动相中吸附性质的差异，将不同组分的有机物质分开的分离方法。

【仪器及药品】

仪器：载玻片、广口瓶、玻璃棒、毛细管、烘箱、干燥器、镊子。

药品：苏丹红、偶氮苯、硅胶 GF_{254}、羧甲基纤维素钠（CMC-Na）、正庚烷、乙酸乙酯、氯仿、二氯甲烷。

【实验步骤】

1. 制板

称取硅胶 GF_{254} 3g 放于 50mL 烧杯中，逐渐加入 0.5% CMC-Na 水溶液 8mL，用洁净的玻璃棒搅拌调成均匀无气泡的糊状。用钥匙或玻璃棒将此糊状物倒或涂在洁净干燥的 5 片 2.5cm×7.5cm 载玻片上，用手轻微颠动，使流动的糊状物均匀铺在载玻片上，室温水平放置，自然晾干后，移入烘箱，由室温缓慢升温至 110℃，恒温脱水活化 0.5h，活化后的薄板放入干燥器中冷却至室温备用。

2. 点样

将苏丹红和偶氮苯分别配成1%的二氯甲烷溶液，然后各取一半配成苏丹红和偶氮苯的混合样品。取两块用上述方法制好的薄层色谱板，用铅笔在离薄层色谱板一端约1cm处轻轻画上起始线，分别用管口平整毛细管吸取约0.02mL苏丹红、偶氮苯及混合样品的二氯甲烷溶液，在每块薄板起始线左边点1%苏丹红或1%偶氮苯的样点，右边点苏丹红和偶氮苯混合样品的样点，样点间相距1～1.5cm，点样斑点直径一般不超过2mm。

3. 展开与显色

配制正庚烷：乙酸乙酯=9：1（体积比）为展开剂，将其加入层析缸（或大的广口瓶），盖上盖子，3～5min后形成饱和蒸气状态。用镊子将薄层色谱板斜放入层析缸中展开，盖好瓶盖，待展开剂前沿上升到薄板上端约0.5cm时取出，用铅笔尽快在展开剂前沿画出标记，观察混合试样斑点出现的位置及与相应样品斑点是否相符。

4. 测量并计算比移值

测量出各物质的展开距离及溶剂前沿距离，计算R_f值，并观察混合样品的分离情况。

偶氮苯与苏丹红Ⅳ的结构见图1。

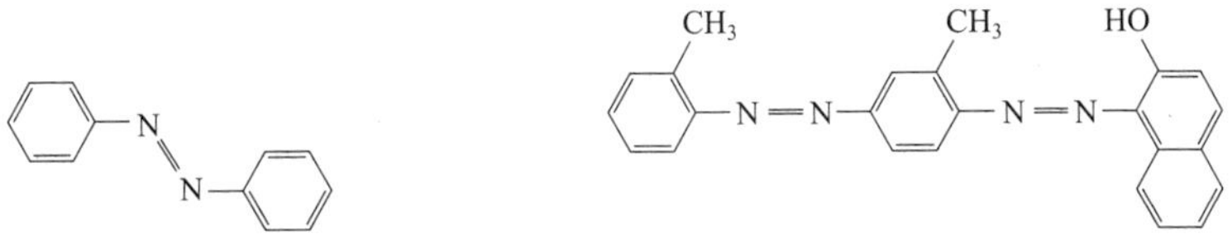

偶氮苯

苏丹红Ⅳ 1-[4-(2-甲苯基偶氮)-2-甲基苯基偶氮]基-2-萘酚

图1 偶氮苯与苏丹红Ⅳ的结构

【实验数据记录】

观察并记录实验数据于表1。

表1 薄层色谱分析数据

名称	颜色	溶剂前沿至原点中心的距离	溶质的最高浓度中心至原点中心的距离	R_f值	文献值
苏丹红					
偶氮苯					
混合样					

【注意事项】

① 0.5% CMC-Na水溶液配制：在2000mL烧杯中，放入已称取的5g CMC-Na，加入1000mL蒸馏水，在搅拌下加热，溶解分散均匀。冷却后，静置数天，使不溶物沉降，倾滗出上层清液备用。

② 毛细管必须专用，不能混用。点样时，毛细管轻轻接触到薄层色谱板上的吸附剂即可，以免破坏薄层色谱板。点样浓度过大，易出现拖尾、混杂现象。

③ 展开剂也可选择石油醚：丙酮=9：2（体积比）；石油醚：乙酸乙酯=5：1（体积比），石油醚规格为60～90℃。

④ 展开用的广口瓶要干燥洁净，盖上瓶盖晃动以使瓶内展开剂蒸气充满。

【思考题】

① 什么是 R_f 值？为什么可利用 R_f 值来鉴定化合物？

② 在混合物薄层色谱实验中，如何判定各组分在薄层色谱板上的位置？

③ 展开剂的高度若超过了点样线，对薄层色谱有何影响？

④ 薄层色谱完成后，薄层色谱板上如果只显示出一个斑点，是否能说明是一种物质？为什么？

⑤ 薄层色谱法，一块合格的薄层色谱板应具备哪些主要特点？

⑥ 样品斑点过大对分离效果会产生什么影响？

⑦ 如何进行点样？

⑧ 为什么层析缸必须加盖密闭？

实验 12 柱色谱分离——荧光黄和碱性湖蓝 BB 的柱色谱分离

【实验引入】

柱色谱是在玻璃管或金属管中进行的色谱分离技术，将固定相（吸附剂）填充到管中而使之成为柱状，这样的管状柱称为吸附色谱柱。使用吸附色谱柱分离混合物的方法，称为吸附柱色谱。吸附柱色谱可以用来分离大多数有机化合物，尤其适合于复杂天然产物的分离。分离容量从几毫克到几百毫克，适用于分离或提纯精制有机物。

【实验目标】

知识目标 了解柱色谱的原理及应用；

技能目标 掌握柱色谱分离化合物的操作方法；

价值目标 培养学生专注细致的观察力和分析问题、解决问题的能力。

【实验原理】

柱色谱是提纯少量物质的有效方法。吸附柱色谱常用氧化铝和硅胶为吸附剂，填装在柱中的吸附剂把混合物中各组分先从溶液中吸附到其表面上，而后用溶剂洗脱。溶剂流经吸附剂时发生无数次吸附和脱附的过程，由于各组分被吸附的程度不同，吸附强的组分移动得慢，留在柱的上端，吸附弱的组分移动得快，流动到下端，从而达到分离的目的。

柱色谱的分离操作具体见第 1 章 1.4.2 部分。

【仪器及药品】

仪器：色谱柱、滴液漏斗、锥形瓶、短颈漏斗。

药品：荧光黄、碱性湖蓝 BB、95%乙醇、中性氧化铝。

【实验步骤】

1. 装柱

取 25cm×φ1.5cm 色谱柱一根或用 25mL 酸式滴定管一支作色谱柱，洗净干燥后垂直固定在铁架台上，色谱柱下端放一个 50mL 锥形瓶作洗脱液的接收器。用镊子取少许脱脂棉（或玻璃棉）放于干净的色谱柱底部，轻轻塞紧，再在脱脂棉上盖一层厚 0.5cm 的石英砂（或用一张比柱内径略小的滤纸代替），关闭旋塞（可以采用四氟节门），向柱内倒入 95%乙醇至柱高的3/4处，打开活塞，控制乙醇流出速度为每秒1滴。然后将用乙醇调成糊状的一定量的中性氧化铝（100～200目）通过一个干燥的粗柄短颈漏斗从柱顶加入，使溶剂慢慢流入锥形瓶。用洗耳球、木棒或带橡胶塞的玻璃棒轻轻敲打柱身下部，使填装紧密。装柱至3/4时，再在上面加一层0.5cm厚的石英砂。操作时一直保持上述流速，但要注意不能使石英砂顶层露出液面，柱顶变干。

2. 加样

把1mg荧光黄和1mg碱性湖蓝BB溶于1mL 95%乙醇中，打开色谱柱的活塞，将柱内顶部多余的溶液放出。当液面降至石英砂顶层时，关闭活塞，将上述溶液用滴管小心地加入柱内。打开活塞，待液面降至石英砂层时，用滴管取少量95%乙醇洗涤色谱柱内壁上沾有的样品溶液。

3. 洗脱与分离

样品加完并混溶后，开启活塞，当液面下降至石英砂顶层相平时，便可沿管壁慢慢加入95%乙醇进行洗脱，控制流出速度如前。蓝色的碱性湖蓝BB因极性小，首先向柱下部移动，极性大的荧光黄留在柱的上端。继续加入足够量的95%乙醇，使碱性湖蓝BB的色带全部从柱子里洗下来。待洗出液呈无色时，更换接收器，改用水为洗脱剂，至黄绿色的荧光黄开始滴出，用另一接收器收集至黄绿色全部洗出为止，这样分别得到两种染料的溶液。浓缩洗脱液得到染料荧光黄和碱性湖蓝BB。荧光黄和碱性湖蓝BB的结构简式见图1。

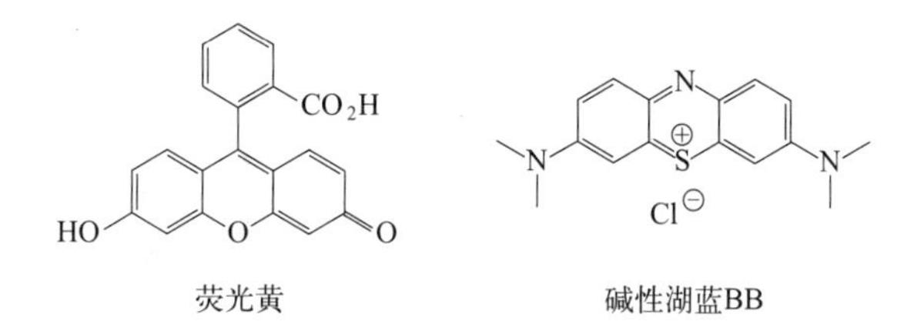

图1 荧光黄和碱性湖蓝BB的结构简式

【实验数据记录】

观察并记录实验数据于表1中。

表1 柱色谱分析数据

名称	颜色	洗脱剂95%乙醇用量/mL	洗脱剂水用量/mL
荧光黄			
碱性湖蓝BB			

【注意事项】

① 色谱柱的大小，由被分离物质的量和吸附性决定。一般的规格是色谱柱的直径为其长度的1/10～1/4。直径在0.5～10cm的色谱柱是实验室常用的。色谱柱或酸式滴定管的旋塞不宜涂润滑脂，以免洗脱时混入样品中。

② 色谱柱中若留有气泡或各部分松紧不均匀，或者有断层或暗沟，对渗透速度和显色的均匀产生影响。填装时不要过分敲击，否则太紧密导致流速太慢。

③ 覆盖石英砂既能使样品均匀地流入吸附剂表面，又能防止加料时吸附剂被冲起，影

响分离效果。也可用比柱子内径略小的滤纸压在吸附剂上面。

④ 向柱内添加洗脱剂时，应沿柱壁缓缓加入，以免表层吸附剂和样品被冲溅泛起，导致非水平谱带。洗脱剂应连续平稳加入，不能中断，柱顶不能变干。若柱子变干则吸附剂与柱壁脱开形成裂沟，使显色不均匀，产生不规则的谱带。

⑤ 若流速太慢，可以在柱子上端加一个连有橡胶管的弯头，橡胶管的另一端接上双链球或气泵进行加压，加快洗脱速度。

【思考题】

① 为什么荧光黄比碱性湖蓝 BB 在色谱柱上吸附得更加牢固？

② 柱色谱中为什么极性大的组分要用极性大的溶剂洗脱？

③ 简述柱色谱洗脱剂的选择原则和采用的方法。

④ 为什么洗脱的速度不能太快，也不宜太慢？

第3章

典型有机化合物的制备

实验13 取代反应——伯溴代烷烃的制备与纯化

卤代烃是一类重要的有机合成中间体，通过卤代烷烃的亲核取代反应，可制备出较多的化合物，如醚、取代羧酸和取代丙酮等。卤代烃在无水乙醚中与金属镁反应得到Grignard试剂，可以与酮、醛和酯等羰基化合物或二氧化碳反应，能够制备不同结构的醇和羧酸。

在实验室，脂肪族卤代烃通常是醇和氢卤酸、三卤化磷或氯化亚砜反应而得到。将正乙（丁）醇与溴化钠、浓硫酸共热可得到正溴乙（丁）烷。

Ⅰ 正溴丁烷的制备与纯化

【实验引入】

正溴丁烷又称1-溴丁烷（英文名称1-bromobutane)，又名正丁基溴（*n*-butyl bromide)，分子式为$n\text{-}C_4H_9Br$，无色透明有芳香味的易挥发液体，不溶于水，易溶于醇、醚、氯仿等有机溶剂。其对眼睛、皮肤有刺激、灼伤作用，吸入其蒸气能引起呼吸困难，甚至麻醉，与空气可形成爆炸性混合物。正溴丁烷具有脂肪族溴化物的通性，化学性质活泼，能与多种化合物反应，在热的强碱水溶液中水解生成醇和盐，与氨水反应生成溴化丁铵，与氰化钠反应生成正戊腈和溴化钠。正溴丁烷可用作稀有元素萃取溶剂、有机合成的中间体和烷基化试剂；可用作生产塑料紫外线吸收剂及增塑剂的原料；可用作制药原料［如合成“丁溴东莨菪碱”（图1)，可用于胃溃疡、胃炎、十二指肠炎、胆石症等；合成麻醉药盐酸丁卡因等］；也可用作合成染料或香料的原料，以及可制备功能性色素的原料（如压敏色素、热敏色素、液晶用双色性色素)；也可用作半导体中间原料等。

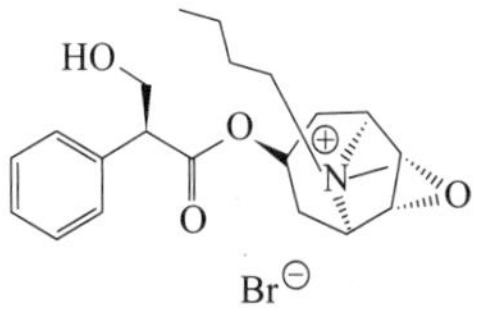

图1 丁溴东莨菪碱分子结构

【实验目标】

知识目标 熟悉由醇制备溴代烷的原理和方法；

技能目标 基本掌握蒸馏操作技术，掌握回流操作及有毒气体的处理方法，掌握分液漏斗洗涤和分离液体有机物的操作技术；

价值目标 学会团队合作，具有严谨的科学态度，具有发现问题、分析问题、解决问题的能力。

【实验原理】

1-溴丁烷为无色透明液体，其原料正丁醇和产品都极易燃烧，对皮肤和呼吸道有刺激作用。本实验中1-溴丁烷是以正丁醇与溴化钠、浓硫酸共热而制得，其主要反应有：

$$NaBr + H_2SO_4 \longrightarrow HBr + NaHSO_4$$

$$CH_3CH_2CH_2CH_2OH + HBr \xrightarrow{H_2SO_4} CH_3CH_2CH_2CH_2Br + H_2O$$

副反应：

$$CH_3CH_2CH_2CH_2OH \xrightarrow{H_2SO_4} CH_3CH_2CH{=}CH_2 + H_2O$$

$$2CH_3CH_2CH_2CH_2OH \xrightarrow{H_2SO_4} (CH_3CH_2CH_2CH_2)_2O + H_2O$$

【仪器及药品】

仪器：圆底烧瓶、球形冷凝管、蒸馏头、锥形瓶、温度计、温度计套管、分液漏斗、接液管、常压蒸馏装置、电热套（磁力搅拌加热器）、沸石（磁力搅拌子）。

药品：正丁醇、无水溴化钠、浓硫酸、饱和碳酸氢钠溶液、无水氯化钙。

【实验步骤】

1. 回流反应

在100mL圆底烧瓶中加入10mL水，置烧瓶于冷水浴中，加入9.2mL（0.10mol）正丁醇，小心地将14mL（0.26mol）浓硫酸加入烧瓶中，充分混合，在冷水浴冷却下，将13g（0.13mol）研细的溴化钠加入圆底烧瓶，充分旋动烧瓶以免结块。撤去水浴，擦干烧瓶外壁，加入几粒沸石，装上回流冷凝管，在其上口用弯玻璃管连气体吸收装置，如实验2中图1(b)所示，以吸收反应时逸出的溴化氢气体。在圆底烧瓶下置一电热套加热，小心间歇振摇烧瓶直至大部分溴化钠溶解，调节温度，使混合物平稳沸腾，缓缓回流约30min，其间要间歇摇动烧瓶。

2. 蒸馏

反应完成，将反应液冷却后，拆去回流冷凝装置，补加1～2粒沸石于圆底烧瓶，加上蒸馏弯头，改为蒸馏装置（实验5中图1），以锥形瓶作为接收器，加热蒸馏，直至馏出液中无油滴生成为止。

3. 1-溴丁烷的精制

(1) 水洗　将馏出液倒入分液漏斗，加入等体积水洗涤，小心地将下层粗产品放入一个干燥的锥形瓶中，从漏斗上口倒出水层。

(2) 酸洗　为了除去未反应的正丁醇及副产物正丁醚，用等体积浓硫酸分两次加入锥形瓶内，每加一次都要充分旋动锥形瓶并用冷水浴冷却，然后将混合物慢慢地倒入分液漏斗，静置分层，小心地尽量分去下层浓硫酸。

(3) 洗涤与干燥　油层依次用等体积的水、饱和碳酸氢钠溶液和水洗涤，将下层1-溴丁烷粗产品放入干燥洁净的锥形瓶中，加入约2g粒状无水氯化钙，塞紧瓶塞，间歇振摇，直至液体澄清为止。

（4）蒸馏　将干燥的粗产品过滤到蒸馏瓶中，加入1～2粒沸石或磁力搅拌子，加热蒸馏，收集99～103℃馏分，产量7～8g。

纯的1-溴丁烷的沸点为101.6℃，折射率n_D^{20} 1.4339。

（5）计算产率。

【实验数据记录】

① 加料回流：溶液是□否□发热，固体是□否□溶解或是□否□结块，溶液是□否□变色，其他现象____________。

② 蒸馏：蒸馏液是□否□澄清，________min第一滴液体滴到尾接锥形瓶中，________min馏出液中无油滴生成，此时溶液颜色逐渐由________色变为________色，其他现象有____________。

③ 精制现象：水洗时油层在上□下□层，________色；酸洗时油层在上□下□层，________色；碳酸氢钠溶液洗时油层在上□下□层，________色；水洗时油层在上□下□层，________色；其他现象有____________。

④ 蒸馏：实验所得产物为________色________（浑浊或澄清）液体，体积为________mL或质量为________g。

【注意事项】

① 如果用含结晶水的溴化钠$NaBr \cdot 2H_2O$，则应按物质的量进行换算，并相应减少加入水的量。

② 本实验采用68%硫酸，在平稳沸腾状态下回流，很少有溴化氢气体从冷凝管上端逸出。

③ 可用振荡整个铁架台的方法使烧瓶摇动。

④ 可用盛清水的试管收集1～2滴馏出液，观察有无油滴。

⑤ 此时水洗，主要洗去氢溴酸、正丁醇等溶于水的杂质。用水洗涤后馏出液如有红色，是因为含有溴单质，可加入10～15mL饱和亚硫酸氢钠溶液洗涤除去。

【思考题】

① 正溴丁烷制备实验为什么用回流反应装置？

② 正溴丁烷制备实验为什么用球形而不用直形冷凝管作回流冷凝管？

③ 正溴丁烷制备实验采用1∶1的硫酸有什么好处？

④ 什么时候用气体吸收装置？怎样选择吸收剂？

⑤ 正溴丁烷制备实验中，加入浓硫酸到粗产物中的目的是什么？

⑥ 在正溴丁烷制备实验中，硫酸浓度太高或太低会带来什么结果？

⑦ 在正溴丁烷制备实验中，蒸馏出的馏出液中正溴丁烷通常应在下层，但有时可能出现在上层，为什么？若遇此现象如何处理？

Ⅱ　溴乙烷的制备与纯化

【实验引入】

溴乙烷，又名乙基溴，是一种卤代烃，化学式为C_2H_5Br，为无色液体，不溶于水，溶于乙醇、乙醚等多数有机溶剂。溴乙烷具有脂肪族溴化物的通性，化学性质活泼，能与多种化合物反应，在热的强碱的水溶液中水解生成乙醇和盐。

溴乙烷用途广泛，是有机合成的重要原料，是仓储谷物、仓库及房舍等的熏蒸杀虫剂，还常用作冷冻剂和麻醉剂及汽油的乙基化剂，可用作分析试剂，如作溶剂、折射率标准样品，还用于有机合成及航空工业用灭火剂。

【实验目标】

知识目标 熟悉由醇制备溴代烷的原理和方法；

技能目标 学习回流反应操作方法，巩固分液漏斗的操作方法；

价值目标 学会理论联系实际，培养严谨的科学态度，培养能够发现问题、分析问题、解决问题的能力。

【实验原理】

溴乙烷为无色透明液体，是医药、染料、香料等的原料。原料和产品都极易燃烧，对皮肤和呼吸道有刺激作用。本实验中溴乙烷是以乙醇与溴化钠、浓硫酸共热而制得，其主要反应有：

$$NaBr + H_2SO_4 \longrightarrow HBr + NaHSO_4$$

$$CH_3CH_2OH + HBr \xrightarrow{H_2SO_4} CH_3CH_2Br + H_2O$$

副反应：

$$2CH_3CH_2OH \xrightarrow{H_2SO_4} CH_3CH_2OCH_2CH_3 + H_2O$$

$$CH_3CH_2OH \xrightarrow{H_2SO_4} CH_2=CH_2 + H_2O$$

$$2HBr + H_2SO_4 \longrightarrow Br_2 + SO_2 + 2H_2O$$

【仪器及药品】

仪器：圆底烧瓶、球形冷凝管、直形冷凝管、蒸馏头、锥形瓶、温度计、温度计套管、分液漏斗、接液管、加热套（或集热式磁力搅拌器）、沸石（磁力搅拌子）。

药品：95%乙醇、无水溴化钠、浓硫酸。

【实验步骤】

1. 反应及蒸馏

在50mL圆底烧瓶中加入6mL水和7.5mL 95%乙醇，置烧瓶于冷水浴中，小心地将15mL浓硫酸分多次加入烧瓶中，不断旋转摇动，充分混合，在持续冷却下混合均匀，然后将10g研细的溴化钠分次加入圆底烧瓶，每加一次必须充分旋动烧瓶以免结块。撤去水浴，擦干烧瓶外壁，加入几粒沸石，装上蒸馏头、冷凝管和温度计作蒸馏装置。接收器内放入少量冷水并浸入冷水浴中，接引管末端则浸没在接收器内的冷水中。用“小火”加热蒸馏瓶，瓶中溶液开始发泡，油状物开始蒸出来。约30min后慢慢加“大火”，直至无油滴蒸出为止。

2. 溴乙烷的精制

将馏出物倒入分液漏斗中，静置分出有机层后，倒入干燥的小锥形瓶中，将锥形瓶浸入冰水浴中冷却。逐滴向瓶中滴入浓硫酸，同时振荡，直到溴乙烷变得澄清透明，且有明显的液层分出为止（需4.5mL左右的浓硫酸），用干燥的分液漏斗分去硫酸层，将溴乙烷层倒入25mL蒸馏瓶中。

3. 蒸馏

安装蒸馏装置：加几粒沸石，用水浴加热，蒸馏溴乙烷，收集34～40℃的馏分，收集产品的接收器要用冰水浴冷却。

纯溴乙烷为无色液体，沸点 38.4℃，折射率 n_D^{20} 1.4239。

4. 计算产率

【实验数据记录】

① 反应及蒸馏：溶液是□否□发热，固体是□否□溶解或是□否□结块，溶液是□否□变色，其他现象有______________。

② 溴乙烷的精制：静置分出有机层，有机层在上□下□层，________色。用干燥的分液漏斗分去硫酸层，硫酸层在上□下□层，________色。将溴乙烷层倒入 25mL 蒸馏瓶中。蒸馏液是□否□澄清，________ min 第一滴液体滴到尾接锥形瓶中，________ min 馏出液中无油滴生成，此时溶液颜色逐渐由________色变为________色。其他现象有____________。

【注意事项】

① 如果用含结晶水的溴化钠 $NaBr \cdot 2H_2O$，则应按物质的量进行换算。

② 加少量水可防止反应进行时产生大量气泡，减少副产物乙醚的生成和避免氢溴酸的挥发。

③ 因为溴乙烷的沸点较低，为使冷凝充分，必须选用效果较好的冷凝管，装置的各接头处严密不漏气。

④ 溴乙烷在水中的溶解度较小（1/100），常用冷水冷却接收器，并把接引管的末端少部分没入水中。

⑤ 开始加热时，产生很多泡沫，若加热太快，反应物易冲出，蒸馏速度勿快，否则蒸气易逸失。

⑥ 若已经蒸完，馏出液由浑浊变成澄清。拆除热源前，为了防止倒吸，将接收器与接引管分离开。稍冷后，防止硫酸氢钠等冷后结块，不易倒出，将瓶内物趁热倒出。

⑦ 尽量除净水分，若用浓硫酸洗涤时会产生热量，导致产物挥发损失。

⑧ 为防止产物挥发，应在冷却下进行操作。

【思考题】

① 实验蒸馏过程中若出现倒吸应该怎么办？可否马上移开热源？

② 蒸馏时，反应瓶气泡过多会有什么影响？这时应该怎样处理？

③ 怎么判断反应完全？

④ 为什么要在圆底烧瓶中加入 6mL 的水？

实验 14 醇分子间脱水反应——正丁醚的制备

【实验引入】

正丁醚，又名二丁醚，透明液体，具有类似水果的气味，微有刺激性。正丁醚对水的溶解度（20℃）为 0.03%（质量分数），水对正丁醚的溶解度（20℃）为 0.19%（质量分数），同水的分离性好。在醚类中，正丁醚的溶解能力强，对许多天然及合成油脂、树脂、橡胶、有机酸酯、生物碱等都有很强的溶解力，可用作树脂、油脂、有机酸、酯、蜡、生物碱、激素等的萃取和精制溶剂；和磷酸丁酯的混合溶液可用作分离稀土元素的溶剂；由于丁醚是惰性溶剂，还可用作格氏试剂以及橡胶、农药等的有机合成反应溶剂；可用作测定铋的试剂。其在贮存时生成过氧化物少，毒性和危险性小，是安全性很高的溶剂。

【实验目标】

知识目标 掌握醇分子间脱水制备醚的反应原理和实验方法；

技能目标 掌握共沸脱水的原理和分水器的实验操作；

价值目标 学会通过改变反应条件和实验装置来调控有机反应的反应进程，建立减少副产物的合成思维，深刻理解化学、化工实践对环境保护造成的影响，理解作为一个化学化工从业者应该履行的责任。

【实验原理】

短碳链伯醇以浓硫酸等为脱水剂，在加热下发生分子间脱水制备单醚，同时要严格控制反应温度，减少副产物烯烃的生成。正丁醚的制备可以通过正丁醇在浓硫酸及135℃加热条件下进行，此反应为S_N2反应。由于反应是可逆的，通常把反应产物（醚或水）蒸出，使反应向有利于生成醚的方向移动。为了减少副产物烯烃及硫酸二丁酯的生成，必须严格控制反应温度。

其主要反应有：

$$2CH_3CH_2CH_2CH_2OH \underset{135℃}{\overset{H_2SO_4}{\rightleftharpoons}} CH_3CH_2CH_2CH_2OCH_2CH_2CH_2CH_3 + H_2O$$

副反应：

$$CH_3CH_2CH_2CH_2OH \xrightarrow[>140℃]{H_2SO_4} CH_3CH_2CH{=}CH_2 + H_2O$$

【仪器及药品】

仪器：三口烧瓶（100mL）、球形冷凝管、分水器、温度计、分液漏斗、常压蒸馏装置。

药品：正丁醇、浓硫酸、5%氢氧化钠溶液、无水氯化钙、饱和氯化钙溶液。

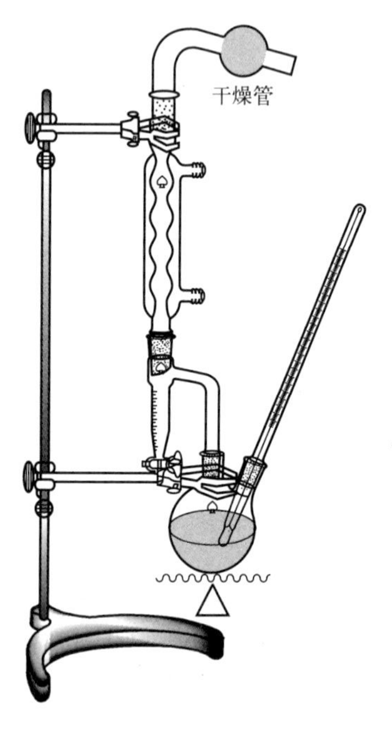

图1 带分水器的回流反应装置

【实验步骤】

1. 回流

在100mL三口烧瓶中，加入31mL正丁醇、4.5mL浓硫酸和几粒沸石，摇匀后，三口烧瓶一侧口装上温度计，温度计水银球浸入液面以下，中间口装上分水器，分水器的上端接一回流冷凝管。先在分水器内预先加水至支管处，小心开启旋塞放出4.0mL水，把水的位置做好记号，另一口用塞子塞紧，见图1。然后将三口烧瓶加热至微沸，进行回流分水。反应中产生的水经冷凝后收集在分水器的下层，上层有机相积至分水器支管时，即可返回烧瓶。大约经1.5h后，三口烧瓶中反应液温度可达134～136℃。当分水器全部被水充满时停止反应。若继续加热，则反应液变黑并有较多副产物生成。

2. 分液

将反应液冷却到室温后，拆除装置，将反应液倒入盛有50mL水的分液漏斗中，充分振摇，静置后弃去下层液体。

3. 正丁醚的精制

上层粗产物依次用25mL水、15mL 5%氢氧化钠溶液、15mL水和15mL饱和氯化钙溶液洗涤，然后用1～2g无水氯化钙干燥。干燥后的产物倾入50mL蒸馏瓶中蒸馏，收集140～144℃馏分，产量7～8g。

纯正丁醚的沸点141℃，折射率n_D^{20} 1.3992。

4. 计算产率

【实验数据记录】

① 加料回流：溶液是□否□发热，溶液是□否□变色，其他现象有______________。

② 分液：油层在上□下□层，________色。

③ 精制现象：水洗时油层在上□下□层，________色；碱洗时油层在上□下□层，_______色；饱和氯化钙溶液洗时油层在上□下□层，_______色；其他现象有____________。

④ 蒸馏：实验所得产物为________色________（浑浊或澄清）液体，体积________mL或质量________g。

【注意事项】

① 本实验根据理论计算失水体积为3mL，但实际分出水的体积略大于计算量，故分水器放满水后先放掉约4.0mL水。

② 制备正丁醚的较宜温度是130～140℃，但开始回流时这个温度很难达到，因为正丁醚可与水形成共沸物（沸点94.1℃，含水33.4%）；另外，正丁醚与水及正丁醇形成三元共沸物（沸点90.6℃，含水29.9%，正丁醇34.6%），正丁醇也可与水形成共沸物（沸点93℃，含水44.5%），故应在100～115℃之间反应半小时，此时温度可达到130℃以上。

③ 在碱洗过程中，不要太剧烈地摇动分液漏斗，否则会生成乳浊液而影响分离。

④ 正丁醇溶在饱和氯化钙溶液中，而正丁醚微溶。

⑤ 粗产物的洗涤可采用以下方法进行：先每次用25mL 50%冷硫酸洗涤两次，再每次用25mL水洗涤两次。正丁醚在硫酸中也能微溶，所以产率有所降低。

【思考题】

① 试根据实验中正丁醇的用量（物质的量n）计算应生成的水的体积。

② 反应结束后为什么要将混合物倒入50mL水中？各步洗涤的目的何在？

③ 能否用本实验方法由乙醇和2-丁醇制备乙基仲丁基醚？你认为用什么方法比较好？

实验15 消除反应——环己烯的制备

【实验引入】

环己烯（cyclohexene），化学式为C_6H_{10}，分子量82.15，为无色透明液体，密度0.81g·mL^{-1}，不溶于水，混溶于乙醇、乙醚、丙酮、苯、四氯化碳、石油醚等有机溶剂；环己烯熔点－103.7℃，沸点83.0℃，饱和蒸气压8.9kPa（20℃），常温下具有易挥发性。环己烯是一种重要的化工原料，工业上用于生产己二酸、己二醛、马来酸、环己酸、环己醛、顺丁烯二酸、环己基甲酸、环己基甲醛。还可用作溶剂、萃取剂、具有高辛烷值汽油的稳定剂。

工业上主要通过石油裂解、分离的方法制备环己烯。实验室制备烯烃主要采用醇的脱水和卤代烷脱卤化氢两种方法。醇的脱水工业上可用氧化铝或分子筛在高温（350～400℃）进行催化脱水。实验室少量制备通常采用酸催化脱水的方法，常用的脱水剂有硫酸、磷酸、对甲苯磺酸及硫酸氢钾等。

环己烯的实验室制备可以通过环己醇在酸催化及加热条件下进行，由于反应是可逆的，通常把反应产物蒸出，使反应向有利于产物的方向移动。为了防止碳化及提高收率，必须严格控制反应加热速度。由于高浓度的强酸会导致烯烃的聚合、醇分子间的失水及碳架的重排，因此，醇在强酸催化脱水反应中常伴有烯烃的聚合物、醚或重排等副产物的生成。

【实验目标】

知识目标 掌握环己烯制备原理和方法；

技能目标 学习萃取、干燥、蒸馏等基本操作，掌握分馏原理及操作；

价值目标 学会通过改变实验装置使反应向有利于产物生成的方向移动，建立减少副产物的合成思维，深刻理解化学、化工实践对环境保护造成的影响并初步建立绿色化学思想。

【实验原理】

以浓硫酸（或磷酸）为催化剂，在加热条件下进行脱水，生成环己烯。由于反应是可逆的，通常把反应产物环己烯蒸出，使反应向有利于生成环己烯的方向移动。涉及原理如下。

其主要反应有：

$$\text{OH} \xrightarrow[\triangle]{85\%\ H_3PO_4} \qquad + H_2O$$

副反应：

$$\text{OH} \xrightarrow[\triangle]{85\%\ H_3PO_4} \qquad \text{O}$$

【仪器及药品】

仪器：磁力搅拌电热套、刺形分馏柱、蒸馏头、温度计、直形冷凝管、接馏管、量筒、乳胶管、分液漏斗。

药品：环己醇、浓磷酸、饱和食盐水、无水氯化钙。

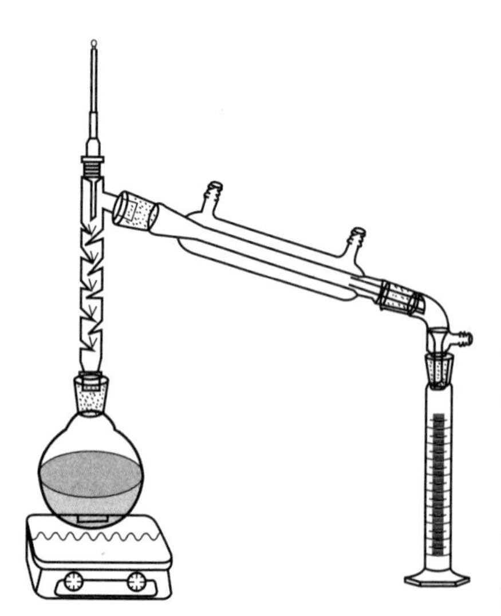

图1 加热搅拌反应分馏装置

【实验步骤】

1. 回流

在50mL圆底烧瓶中，依次加入搅拌子、10.0mL（0.096mol）环己醇、5.0mL 85%磷酸，磁力搅拌使液体混合均匀，安装分馏装置（图1），用25mL量筒作接收器。然后调控电热套加热电压缓慢加热至微沸，然后再逐渐升高电压，控制分馏柱顶温度不超过90℃，直到无馏出液滴为止。这时烧瓶内出现白雾，停止加热，分别记录粗产品中油层和水层的体积。

2. 分液

将粗产品转移到分液漏斗中，静置，分去水层；有机层中加入等体积的饱和食盐水，充分振荡后静置分液，油层转移到干燥的小锥形瓶中（油层中不能有明显水滴，否则重新分液）。

3. 精制

小锥形瓶中加入1～2g无水氯化钙颗粒干燥，静置15～20min，干燥后的产物倾入25mL干净、干燥的蒸馏瓶中蒸馏，收集82～85℃的馏分，产量4～5g。

纯环己烯为易燃有刺激性气味的无色液体。沸点为83.0℃，折射率为1.4465。

【实验数据记录】

观察并记录实验数据于表1中。

表1 实验数据记录表

名称	环己醇/mL	磷酸/mL	氯化钠溶液/mL	无水氯化钙/g
用量				

环己烯的质量（g）：

环己烯的产率：

【注意事项】

① 本实验若使用沸石代替搅拌子时，在圆底烧瓶中加入环己醇、磷酸和沸石后，应充分振荡使液体混合均匀，否则在加热时易碳化，颜色较深。

② 安装分馏装置时，可用25mL量筒作接收器，其优点是便于随时观察收集粗品的量，缺点是环己烯具有一定挥发性及刺激性气味；当实验室通风条件欠佳时，也可以用25mL圆底烧瓶（或磨口锥形瓶）作接收器，蒸馏结束后再倒入25mL量筒中。

③ 反应中环己烯与水形成共沸混合物（沸点70.8℃，含水10%）；环己醇与环己烯形成共沸混合物（沸点64.9℃，含环己醇30.5%）；环己醇与水形成共沸混合物（沸点97.8℃，含水80%）。因此，整个加热过程中，忌加热过于猛烈，蒸馏速度不宜过快（控制分馏柱顶恒定温度不超过73℃），以减少未反应的环己醇与水形成共沸混合物的蒸出，提高产率。

④ 环己醇溶在饱和氯化钙溶液中，而环己烯微溶，这样有利于干燥过程中除去粗产品中的环己醇。

【思考题】

① 在粗产品中加入饱和食盐水的目的何在？

② 用磷酸作脱水剂比用浓硫酸作脱水剂的优点有哪些？

③ 如果实验产率太低，试分析主要在哪些操作步骤中可能造成了损失？

④ 为什么蒸馏粗环己烯的装置要完全干燥？

⑤ 请用简单的化学方法来证明最后得到的产品是环己烯。

⑥ 最后一步蒸馏环己烯粗产品时，如果没有滤除掉氯化钙干燥剂，而是将氯化钙一起倒入蒸馏烧瓶中进行加热蒸馏，得到的产品质量将会增加还是减少？

实验16 醇氧化反应——环己酮的制备

【实验引入】

环己酮具有酮的典型化学性质，属于脂环酮，具有近似丙酮的气味，常温下为无色或淡黄色、透明、低挥发性的油状液体，微溶于水，可溶于各种有机溶剂。环己酮是制造尼龙、己内酰胺、己二酸等的原料，也是重要的工业溶剂、合成医药、农药产品的中间体。环己酮广泛用于染色剂、擦亮金属的脱脂剂、木材着色涂漆和化妆品的高沸点溶剂，通常与低沸点溶剂和中沸点溶剂配制成混合溶剂，以获得适宜的挥发速度和黏度。其还广泛应用于纤维、合成橡胶、工业涂料，还可萃取稀有金属铀、钍、钴、钛，测定铋，用作色谱分析标准物和气相色谱固定液。

【实验目标】

知识目标 能够利用氧化方法进行有机物中常见的还原性官能团反应，掌握由环己醇氧化法制备环己酮的原理和方法；

技能目标 熟练掌握蒸馏操作，理解其原理与作用，掌握盐析在分离有机化合物中的应用；

价值目标 建立辩证的思维，正确认识氧化剂氧化性的强弱，理解强弱的相对性。

【实验原理】

实验室制备脂肪醛酮和脂环醛酮最常用的方法是将伯醇和仲醇用铬酸氧化。用重铬酸盐与40%～50%硫酸混合得到铬酸。尽管酮对氧化剂比较稳定，不易进一步进行氧化，但铬酸氧化醇是放热反应，必须严格控制反应温度以免反应过于剧烈而导致副产物增加。也可以用30% H_2O_2 作为氧化剂，环己醇在55～60℃的温度下，采用无毒无害的 $FeCl_3$ 催化剂催化氧化制备环己酮，反应条件温和，容易控制，氧化剂反应完后只留下水，无毒害废弃物产生，反应时间较短，而且反应后的产物也极易分离。

仲醇用铬酸氧化是制备脂肪酮最常用的方法。酮对氧化剂比较稳定，不易进一步氧化。铬酸氧化醇是一个放热反应，必须严格控制反应的温度，以免反应过于剧烈。反应方程式为：

$$3\ \text{C}_6\text{H}_{11}\text{OH} + Na_2Cr_2O_7 + 4H_2SO_4 \longrightarrow 3\ \text{C}_6\text{H}_{10}\text{O} + Cr_2(SO_4)_3 + Na_2SO_4 + 7H_2O$$

【仪器及药品】

仪器：三口烧瓶（100mL）、恒压滴液漏斗、电热套（磁力搅拌加热器）、回流装置、常压蒸馏装置、水蒸气蒸馏装置。

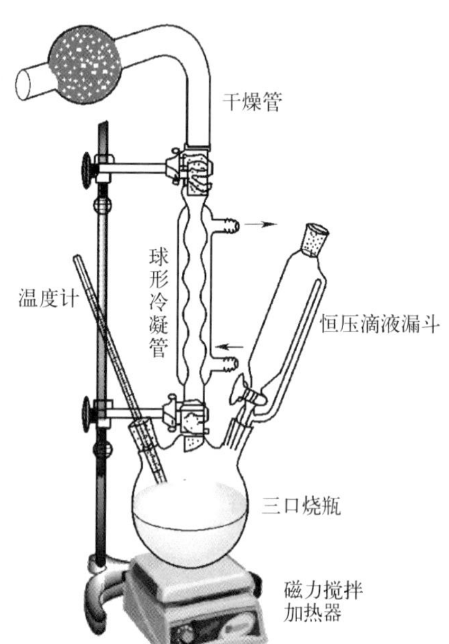

图1 环己酮的制备装置

药品：浓硫酸、环己醇、重铬酸钠（$Na_2Cr_2O_7 \cdot 2H_2O$）、食盐、无水硫酸镁。

【实验步骤】

① 配制铬酸溶液：在200mL烧杯中加入30mL水和5.3g重铬酸钠，搅拌使之全部溶解。然后在搅拌下慢慢加入4.5mL浓硫酸，将所得橙红色溶液冷却到30℃以下备用。

② 在100mL三口烧瓶中加入5.3mL环己醇，将上述铬酸溶液分两批加入三口烧瓶，每加一次应摇振混匀。放入温度计，测量初始温度，并观察温度变化情况。当温度上升至55℃时，立即用水浴冷却，控制反应液温度在55～60℃。当温度开始下降时移去冷水浴，室温下放置0.5h，其间要间歇振摇反应瓶，直到使反应液呈墨绿色为止。环己酮的制备装置如图1所示。

③ 反应完毕后在反应瓶中加入 30.0mL 水和几粒沸石，改成蒸馏装置进行蒸馏。将环己酮和水一起蒸出来，直至馏出液不再浑浊再多蒸 8～10mL，约收集馏出液 25mL。

④ 将馏出液用食盐饱和（约需 7g）后转入分液漏斗中，分出有机相。用无水硫酸镁干燥，过滤，常压蒸馏收集 151～155℃馏分。

纯环己酮沸点 155.7℃，d_4^{20} 为 0.9476，折射率 n_D^{20} 为 1.4507。

⑤ 计算产率。

【实验数据记录】

① 配制铬酸溶液：加入重铬酸钠，溶液是□否□发热，溶液是□否□变色，加入 4.5mL 浓硫酸，溶液是□否□发热，溶液是□否□变色，其他现象有＿＿＿＿＿＿。

② 反应：放入温度计，测量初始温度，初温为＿＿＿＿℃，反应后溶液呈＿＿＿＿色，其他现象有＿＿＿＿＿＿。

③ 蒸馏：粗产物为＿＿＿＿色＿＿＿＿（浑浊或澄清）液体，体积＿＿＿＿mL 或质量＿＿＿＿g。

④ 精制：馏出液用食盐饱和，粗产物在上□下□层，＿＿＿＿色，馏出液为＿＿＿＿色＿＿＿＿（浑浊或澄清）液体，体积＿＿＿＿mL 或质量＿＿＿＿g。其他现象有＿＿＿＿＿＿。

⑤ 常压蒸馏：实验所得产物为＿＿＿＿色＿＿＿＿（浑浊或澄清）液体，体积＿＿＿＿mL 或质量＿＿＿＿g。

【注意事项】

① 重铬酸钠是强氧化剂并且有毒，避免与皮肤接触，反应残余物不得随意乱倒，应放入指定处，以免污染环境。

② 本实验中，铬酸氧化醇是一个放热反应，需要严格控制温度以防反应过于剧烈，用冷水和热水来维持；温度过高副反应增多，可能导致酮的断链氧化，温度低于 55℃，反应太慢。

③ 水的馏出量不宜过多，否则，即使盐析，仍不可避免有少量环己酮溶于水中而损失。31℃时 100mL 水中溶解 2.4g 环己酮。

④ 干燥时时间要充分，否则溶液中含水浑浊，造成蒸馏时达不到预定温度。

【思考题】

① 环己酮还能通过什么方法制备？

② 加氯化钠饱和的作用原理是什么？请具体说明。

③ 本实验的氧化剂能否改为高锰酸钾？为什么？

实验 17　Perkin 反应——肉桂酸的制备

【实验引入】

肉桂酸，学名 3-苯基-2-丙烯酸，是从肉桂皮或安息香分离出的有机酸，又称桂皮酸、桂酸，为无色或淡黄色微细针状结晶性粉末，具有树脂和蜂蜜花香，有顺式和反式两种异构体，天然品为反式。植物中由苯丙氨酸脱氨降解产生的苯丙烯酸，是一种重要的精细化工合成中间体，主要用于香精香料、食品添加剂、医药工业、美容、农药、有机合成等方面。肉桂酸可供配制紫丁香型等花香香精和医药，也可用作测定铀和钒的试剂，还可用作感光材料、缓蚀剂、稳定剂、阻燃剂，用于合成新型甜味剂阿斯巴甜原料苯丙氨酸。在农业中，肉桂酸作为生长促进剂和长效杀菌剂而用于果蔬防腐保鲜剂，无毒副作用，还用于茶饮料的防腐调味剂。实验室合成肉桂酸的方法众多，主要合成方法有 Perkin 合成法、苯甲醛-丙二酸法和苄叉二氯-无水乙酸钠法等。

【实验目标】

知识目标 熟悉 Perkin 反应的原理，了解肉桂酸的制备原理；

技能目标 掌握反应装置安装、蒸馏、抽滤、中和滴定和重结晶等基本实验操作；

价值目标 了解肉桂酸产品在生产生活中的广泛应用，理解化学与生活的息息相关。

【实验原理】

芳香醛和酸酐在碱性催化剂存在下，可发生类似羟醛缩合的反应，生成 α,β-不饱和芳香酸，称为 Perkin 反应。催化剂通常是用相应酸酐的羧酸钾或钠盐，有时也可用 K_2CO_3 或叔胺代替，典型的例子是肉桂酸的制备。

$$C_6H_5CHO+(CH_3CO)_2O \xrightarrow[K_2CO_3]{CH_3CO_2K\ 或} \xrightarrow{H^{\oplus}} C_6H_5CH=CHCO_2H+CH_3CO_2H$$

碱的作用是促使酸酐的烯醇化，夺取酸酐的 α 氢原子，使 α 碳原子成为碳负离子，接着碳负离子与芳醛上的羰基碳原子发生亲核加成，再经 β 消去反应，产生肉桂酸盐。

CH_3COOK … CHO … H COOH H

肉桂酸在农用塑料和感光树脂等精细化工产品的生产中有着广泛的应用，是生产冠心病药物“心可安”的重要中间体，其酯类衍生物是配制香精和食品香料的重要原料。

方法一　用无水碳酸钾作缩合试剂

【仪器及药品】

仪器：三口烧瓶（100mL）、球形冷凝管、直形冷凝管、温度计（250℃）、注射器（2.5mL）、加热套、烧杯、玻璃棒、抽滤装置、干燥管、水蒸气蒸馏装置。

药品：苯甲醛、无水碳酸钾、乙酸酐、pH 试纸、活性炭、浓盐酸、10% NaOH 溶液。

【实验步骤】

① 在 100mL 三口烧瓶中，加入 3.5g 研细的无水碳酸钾、2.5mL 新蒸馏的苯甲醛（可用注射器取）、7.1mL 乙酸酐，摇动使其混合均匀。三口烧瓶中间口装上上端带有无水 $CaCl_2$ 干燥管的球形冷凝管，另一口装好温度计，剩余口用玻璃塞子塞上，装置如实验 2 图 1(a) 所示。

② 用加热套或油浴加热，使反应液温度计指示在 140～160℃ 范围内，保持温和回流。由于有二氧化碳逸出，最初反应会出现泡沫。如果加热过于激烈，易使生成的肉桂酸脱羧生成苯乙烯，苯乙烯在此温度下聚合生成焦油。50min 后停止加热，冷却至室温。

③ 把 20mL 水加入三口烧瓶中，用玻璃棒轻轻捣碎瓶中的固体，进行水蒸气蒸馏，装置如实验 5 图 3 所示，直至无油状物蒸出为止。将烧瓶冷却后，加入 20mL 10% NaOH 水溶液，让溶液呈弱碱性，使生成的肉桂酸形成钠盐而溶解。再加入 20mL 水，加热煮沸后加入少量活性炭脱色，趁热过滤。待滤液冷却至室温后，在搅拌下，小心加入 10mL 浓盐酸和

10mL 水的混合液，至溶液呈酸性。冷却结晶，抽滤析出的晶体，并用少量冷水洗涤，干燥后称量，粗产物约 2g。也可用乙醇∶水=3∶1（体积比）的溶液进行重结晶。

反式肉桂酸为白色片状结晶，熔点 133℃。

方法二 用无水乙酸钾作缩合试剂

【仪器及药品】

仪器：三口烧瓶（100mL）、球形冷凝管、直形冷凝管、温度计（250℃）、注射器（2.5mL）、电热套、烧杯、抽滤装置、干燥管、水蒸气蒸馏装置。

药品：苯甲醛（新蒸）、无水乙酸钾、乙酸酐（新蒸）、pH 试纸、活性炭、浓盐酸、饱和碳酸钠溶液。

【实验步骤】

① 在 100mL 三口烧瓶中，加入 1.5g 研细的无水乙酸钾、2.5mL 新蒸馏的苯甲醛（可用注射器取）、3.8mL 乙酸酐，摇动使其混合均匀。三口烧瓶中间口装上上端带有无水 $CaCl_2$ 干燥管的球形冷凝管，另一口装好温度计，温度计水银球部分插入液面下，但不要触及瓶底，剩余口用玻璃塞子塞上。

② 用电热套或油浴加热，使反应液温度计指示在 140～160℃ 范围内，保持温和回流 1.5h。如果加热过于激烈，易使生成的肉桂酸脱羧生成苯乙烯，苯乙烯在此温度下聚合生成焦油。

③ 反应完毕后，停止加热，搅拌下趁热缓慢加入适量的饱和碳酸钠溶液，使反应混合物呈微碱性（pH=8～9），把 80mL 水加入三口烧瓶中，改为水蒸气蒸馏装置，进行蒸馏，至馏出液无油珠为止。在残液中加入少量活性炭脱色，加热煮沸 10min，趁热过滤。在搅拌下，小心向热滤液中加入浓盐酸，至滤液 pH=3 为止。冷却滤液，待肉桂酸晶体全部析出后，减压过滤。晶体用少量冷水洗涤，抽滤挤去水分，干燥后称量，粗产物约 2g。也可用热水或乙醇∶水=3∶1（体积比）的溶液进行重结晶。

【实验数据记录】

① 加料回流：溶液是□否□发热，溶液是□否□变色，其他现象有______________。

② 水蒸气蒸馏：蒸馏时初温为________℃，馏出液呈________色，________（浑浊或澄清）液体，剩余液呈________色，________（浑浊或澄清）液体，其他现象有______________。

③ 过滤：残余液加入活性炭，热过滤，滤液为________色________（浑浊或澄清）液体，体积________mL 或质量________g，其他现象有______________。

④ 精制：热滤液加入体积________mL 盐酸，pH 值为________，滤液为________色（浑浊或澄清）液体，体积________mL 或质量________g，其他现象有______________。

⑤ 产物干燥：实验所得产物为________色________g。

【注意事项】

① 所用仪器须干燥。因乙酸酐遇水能水解成乙酸，无水碳酸钾吸水性很强，遇水失去催化作用，影响反应进行。

② 加热回流，控制反应呈微沸状态即可，如果反应液激烈沸腾易使乙酸酐蒸气从冷凝管送出，还会使生成的肉桂酸脱羧生成苯乙烯，苯乙烯在此温度下聚合生成焦油。反应时间过长，也会生成苯乙烯低聚物。

③ 饱和碳酸钠溶液也可以用适量的固体碳酸钠代替，但不能用氢氧化钠代替。

【思考题】

① 制备肉桂酸时，往往出现焦油，它是怎样产生的？又是如何除去的？

② 在肉桂酸的制备实验中，能否用浓 NaOH 溶液代替碳酸钠溶液来中和水溶液？

③ 反应中，如果使用与酸酐不同的羧酸盐，会得到两种不同的芳香丙烯酸，为什么？

④ 本实验为什么采用水蒸气蒸馏？

实验 18 Grignard 反应——2-甲基己-2-醇的制备

【实验引入】

醇是一种重要的有机化合物，被广泛应用于医药、农药、香料等诸多领域，随着现代石油化工和精细化工的发展，一些结构更复杂的多碳醇越来越受人们的重视，它可以转变成卤代烷、烯、醚、醛、酮、羧酸和羧酸酯等多种化合物，是一类重要的化工原料。

工业上以石油裂解气中的烯烃为原料合成醇，低级醇是某些碳水化合物和蛋白质发酵的产物。实验室制备醇的方法有很多，可以看作是在分子中引进羟基的方法。用烯烃为原料制备醇是一类常用的方法，目前一般是通过硼氢化反应制备相应的醇。硼氢化反应的特点是：步骤简单、副反应少，生成的醇的产率很高。醛、酮分子中的羰基，可以在催化剂 Pt、Ni 等存在下加氢，醛加氢后还原成伯醇，酮加氢后还原成仲醇，还原时也可用乙酸加钠、四氢铝锂、硼氢化钠。醛、酮与格氏试剂的反应是实验室常用的方法，也是格氏试剂的重要应用之一。格氏试剂是由有机卤素化合物（卤代烷、活泼卤代芳香烃）与金属镁在绝对无水无氧中反应形成的有机镁试剂，现常用卤代烃与镁粉在无水乙醚中反应制得，制备过程要求无水、无二氧化碳、无乙醇等具有活泼氢的物质（如：水、醇、氨、卤化氢、末端炔等）。格氏试剂是一种活泼的有机合成试剂，能进行多种反应，主要包括烷基化、羰基加成、共轭加成及卤代烃还原等。

【实验目标】

知识目标 了解格氏试剂制备原理及其在有机合成中的应用；

技能目标 掌握制备格氏试剂的基本操作，巩固回流、萃取、蒸馏等操作技能；

价值目标 深刻理解化学、化工实践对环境保护造成的影响并理解作为一个化学化工从业者应该履行的责任。

【实验原理】

卤代烷烃与金属镁在无水乙醚中反应生成烃基卤化镁 RMgX，称为 Grignard 试剂。格氏试剂能与羰基化合物等发生亲核加成反应，产物经水解后可得到醇类化合物。

格氏试剂的制备必须在无水条件下进行，所用仪器及药品均需干燥，微量水分的存在将抑制反应的引发，会分解生成的格氏试剂。

格氏试剂易与氧气、二氧化碳反应，不宜较长时间保存，但有时需在惰性气体（氮气、氩气）保护下进行反应。用乙醚作溶剂时，乙醚具有较高的蒸气压可以排除反应器中大部分空气。活性高的卤代烃与碘代物制备格氏试剂时，偶联反应是主要的副反应，要减少副反应的发生可以采用搅拌、降低溶液浓度和控制卤代烃的滴加速度等措施。但对活性较差的卤代烷或反应不易发生时，可以加入少许碘粒、1,2-二溴乙烷或者事先已制好的格氏试剂或者温水浴微热而引发反应发生。

格氏反应是一个放热反应，卤代烃的滴加速度不宜太快，必要时可以用冷水冷却。若反应开始后，要调节滴加速度，使反应保持微沸即可。

本实验以1-溴丁烷为原料、乙醚为溶剂制备Grignard试剂，而后再与丙酮发生加成、水解反应，制备2-甲基己-2-醇。反应必须在无水、无氧、无活泼氢条件下进行，因为水、氧或其他活泼氢的存在都会破坏Grignard试剂。

其主要反应有：

$$n\text{-}C_4H_9Br + Mg \xrightarrow{\text{无水乙醚}} n\text{-}C_4H_9MgBr$$

$$n\text{-}C_4H_9MgBr + H_3CCOCH_3 \xrightarrow{\text{无水乙醚}} n\text{-}C_4H_9\underset{\displaystyle OMgBr}{\underset{|}{C}}(CH_3)_2$$

$$n\text{-}C_4H_9\underset{\displaystyle OMgBr}{\underset{|}{C}}(CH_3)_2 \xrightarrow{H_2O} n\text{-}C_4H_9\underset{\displaystyle OH}{\underset{|}{C}}(CH_3)_2 + Mg(OH)Br$$

【仪器及药品】

仪器：三口烧瓶（100mL、25mL）、球形冷凝管、常压蒸馏装置、锥形瓶、烧杯、温度计、温度计套管、分液漏斗、普通漏斗、电热套（集热式磁力搅拌器）、恒压滴液漏斗、沸石（磁力搅拌子）。

药品：镁条、正溴丁烷、丙酮、无水乙醚（自制）、乙醚、10%硫酸溶液、5%碳酸钠溶液、无水碳酸钾、碘粒。

【实验步骤】

1. 正丁基溴化镁的制备

向100mL三口烧瓶上分别装机械搅拌器、冷凝管和恒压滴液漏斗，在冷凝管的上口装上无水氯化钙干燥管。瓶内放入1.5g镁条、10mL无水乙醚及一小粒碘片。在恒压滴液漏斗中混合7mL正溴丁烷和10mL无水乙醚。先向瓶内滴入约3mL混合液，数分钟后溶液呈微沸状态，碘的颜色消失。若不发生反应，可用温水浴加热。反应开始比较剧烈，必要时可用冷水浴冷却。待反应缓和后，在冷凝管上端加入15mL无水乙醚。开动搅拌（用手帮助旋动搅拌棒的同时启动调速旋钮，至合适转速），并滴入其余的正溴丁烷和无水乙醚混合液，控制滴加速度维持反应液呈微沸状态。滴加完毕后，在热水浴上回流20min，使镁条几乎作用完全。

2. 2-甲基己-2-醇的制备

制备装置如图1所示。将制好的Grignard试剂在冰水浴冷却和搅拌下，自滴液漏斗中滴入5mL丙酮和10mL无水乙醚的混合液，控制滴加速度以维持乙醚微沸，勿使反应过于猛烈。加完后，在室温下继续搅拌15min，最后三口烧瓶中可能有白色

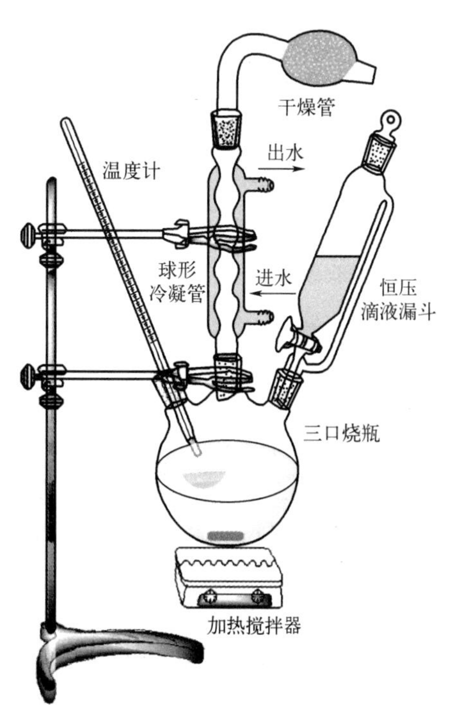

图1　制备2-甲基己-2-醇的装置

黏稠状固体析出。

将反应瓶在冰水浴冷却和搅拌下，自滴液漏斗中分批加入 50mL 10%硫酸溶液，分解上述加成产物（开始滴入宜慢，以后可逐渐加快）。待分解完全后，将溶液倒入分液漏斗中，分出醚层。水层每次用 12mL 乙醚萃取两次，合并醚层，用 15mL 5%碳酸钠溶液洗涤一次，分液后用无水碳酸钾干燥。

装配蒸馏装置。将干燥后的粗产物乙醚溶液分批滗入 25mL 圆底烧瓶中，用温水浴蒸去乙醚，再在石棉网上直接加热蒸出产品，收集 137～141℃馏分，称量，计算产率。

2-甲基己-2-醇的沸点 143℃，折射率 n_D^{20} 1.4175。

【实验数据记录】

① 格氏试剂的制备：滴加完毕后，在热水浴上回流 20min，溶液是□否□发热，固体是□否□溶解或是□否□结块，溶液是□否□变色，其他现象有______________。

② 2-甲基己-2-醇的制备：混合液加完后，在室温下继续搅拌 15min，溶液是□否□发热，固体是□否□溶解或是□否□结块，溶液是□否□变色，其他现象有______________。待分解完全后，将溶液倒入分液漏斗中，醚层在上□下□层，________色，水层在上□下□层，________色。用 15mL 5%碳酸钠溶液洗涤一次，分液，乙醚层在上□下□层，________色，水层在上□下□层，________色。其他现象有______________。

③ 蒸出产品：馏分蒸出的温度________℃，体积________mL 或质量________g。

【注意事项】

① 本实验所用仪器及药品必须充分干燥。正溴丁烷用无水氯化钙干燥并蒸馏纯化，丙酮用无水碳酸钾干燥，并经蒸馏纯化。所用仪器在烘箱中烘干后，取出稍冷即放入干燥器中冷却。或将仪器取出后，在开口处用塞子塞紧，以防在冷却过程中玻璃壁吸附空气中的水分。

② 本实验采用简易密封，也可用磁力搅拌替代电动搅拌。

③ 不宜采用长期放置的镁屑，可用镁条代替镁屑，使用前用细砂纸将其表面擦亮，剪成小段备用。若长期放置的镁屑，其表面常有一层氧化膜，可用 5%盐酸溶液作用几分钟，抽滤除去酸液后，依次用水、乙醇、乙醚洗涤而除去。抽干后放置于干燥器中备用。

④ 本实验所用的无水乙醚可由市售乙醚经无水氯化钙和金属钠屑干燥处理得到。实验室中使用的无水乙醚通常需要加入适量金属钠，以二苯乙酮为指示剂，回流至变为蓝色后，蒸出乙醚立即使用。

⑤ 为了易于发生反应，则开始时正溴丁烷的局部浓度要较大，在反应开始后进行搅拌。若 5min 后反应仍不开始，可用温水浴温热，或在加热前加入一小粒碘促使反应开始。

⑥ 2-甲基己-2-醇与水能形成共沸物，必须充分干燥，否则前馏分将显著增多。

⑦ 醚溶液体积较大，可进行分批过滤蒸去乙醚。

【思考题】

① 实验中，将 Grignard 试剂与加成物反应水解前各步中，为什么使用的药品、仪器均需绝对干燥？应采取什么措施？

② 反应若不能立即开始，应采取什么措施？

③ 实验中有哪些可能的副反应，应如何避免？

实验 19 Knoevenagel 反应——香豆素-3-羧酸的制备

【实验引入】

香豆素，又名香豆精，1,2-苯并吡喃酮，结构上为顺式邻羟基肉桂酸内酯，白色斜方晶体或结晶粉末，存在于许多天然植物中。它最早是 1820 年从香豆的种子中发现的，也含于薰衣草、桂皮的精油中。香豆素具有甜味且有香茅草的香气，是重要的香料，常用作定香剂，可用于配制香水、花露水、香精等，也可用于一些橡胶制品和塑料制品，其衍生物还可用作农药、杀鼠剂、医药等。由于天然植物中香豆素含量很少，因而香豆素主要是通过合成得到的。1868 年，Perkin 用邻羟基苯甲醛（水杨醛）与乙酸酐、乙酸钾一起加热制得，称为 Perkin 合成法。水杨醛和乙酸酐首先在碱性条件下缩合，经酸化后生成邻羟基肉桂酸，接着在酸性条件下闭环成香豆素。Perkin 反应存在着反应时间长，反应温度高，产率有时不好等缺点。

【实验目标】

知识目标 掌握 Knoevenagel 反应原理和芳香族羟基内酯的制备方法；

技能目标 掌握用薄层色谱法监测反应的进程，熟练掌握重结晶的操作技术，了解酯水解法制羧酸；

价值目标 了解香豆素类化合物在自然界中多种多样存在形式以及对人类的医药价值，理解自然界是有机化合物最重要的宝库，认识到生活中常见的化学品离不开有机化合物。

【实验原理】

本实验采用改进的方法进行合成，用水杨醛和丙二酸酯在有机碱的催化下，可在较低的温度合成香豆素的衍生物。这种合成方法称为 Knoevenagel 合成法，是对 Perkin 反应的一种改变，即让水杨醛与丙二酸酯在六氢吡啶的催化下缩合成香豆素-3-甲酸乙酯，后者加碱水解，此时酯基和内酯均被水解，然后经酸化再次闭环形成内酯，即为香豆素-3-羧酸。

其主要反应有：

CHO, OH + $CH_2(CO_2C_2H_5)_2$ —(六氢吡啶, N–H)→ 香豆素-3-甲酸乙酯 (O, O, $CO_2C_2H_5$)

—NaOH→ (COONa, COONa, ONa) —HCl→ 香豆素-3-羧酸 (O, O, CO_2H)

【仪器及药品】

仪器：圆底烧瓶、回流冷凝管、减压过滤装置、锥形瓶、干燥管、熔点测定仪。

药品：水杨醛、丙二酸乙二酯、无水乙醇、六氢吡啶、冰乙酸、95%乙醇、氢氧化钠、浓盐酸、沸石、无水氯化钙。

【实验步骤】

1. 香豆素-3-甲酸乙酯

在干燥的 50mL 圆底烧瓶中依次加入 1.7mL 水杨醛、2.8mL 丙二酸乙二酯、10mL 无水乙醇、0.2mL六氢吡啶、一滴冰乙酸和几粒沸石，装上配有无水氯化钙干燥管的球形冷凝管后，在水浴上加热回流2h，装置图如实验2图2(a)所示。待反应液稍冷后转移到锥形瓶中，加入12mL水，置于冰水浴中冷却，有结晶析出。待晶体析出完全后，减压过滤，并每次用2～3mL冰水浴冷却过的50%乙醇洗涤晶体2～3次，得到的白色晶体为香豆素-3-甲酸乙酯的粗产物，干燥后产量2.5～3g，熔点91～92℃。粗产物可用25%的乙醇水溶液重结晶。纯香豆素-3-甲酸乙酯熔点93℃。

2. 香豆素-3-羧酸

在50mL圆底烧瓶中加入上述自制的2g香豆素-3-甲酸乙酯、1.5g NaOH、10mL 95%乙醇和5mL水，加入几粒沸石。装上回流冷凝管，水浴加热使酯溶解，然后继续加热回流15min。停止加热，将反应瓶置于温水浴中，用滴管吸取温热的反应液滴入盛有5mL浓盐酸和25mL水的锥形瓶中。边滴边摇动锥形瓶，可观察到有白色结晶析出。滴完后，用冰水浴冷却锥形瓶使结晶完全。抽滤晶体，用少量冰水洗涤、压紧、抽干。干燥后得产物约1.5g，熔点188.5℃。粗品可用水重结晶。

纯香豆素-3-羧酸熔点为190℃（分解）。

【实验数据记录】

1. 香豆素-3-甲酸乙酯制备

① 回流前：溶液是□否□发热，溶液是□否□变色，其他现象有______________。

② 加热回流2h：溶液是□否□发热，溶液是□否□变色，其他现象有______________。

③ 实验所得粗产品香豆素-3-甲酸乙酯为________（颜色状态），体积________mL或质量________g。

2. 香豆素-3-羧酸制备

① 加料后回流前：溶液是□否□发热，固体是□否□溶解或是□否□结块，溶液是□否□变色，其他现象有______________。

② 用滴管吸取温热的反应液滴入盛有5mL浓盐酸和25mL水的锥形瓶中，溶液是□否□发热，固体是□否□析出，溶液是□否□变色，其他现象有______________。

③ 实验所得粗产品香豆素-3-羧酸为________（颜色状态），体积________mL或质量________g。

【注意事项】

加入50%乙醇溶液的作用是洗去粗产物中的黄色杂质。

【思考题】

① 指出反应中加入乙酸的目的是什么？

② 为什么六氢吡啶的用量在一定范围合适？

实验20 Claisen酯缩合反应——乙酰乙酸乙酯的制备

【实验引入】

乙酰乙酸乙酯，无色或淡黄色的澄清液体，微溶于水，易溶于乙醚、乙醇，有刺激性和麻醉性，遇明火、高热或接触氧化剂有发生燃烧的危险，有似醚类和苹果的香气，广泛应用于食用香精中，主要用以调配苹果、杏、桃等食用香精。在制药工业中用于制造氨基比林、维生素B等。在染料工业中用作合成染料的原料和用于电影基片染色。乙酰乙酸乙酯在有机合成中是极为有用的中间体，广泛用于医药、油漆、塑料、染料、纺织等领域。

本实验将使用减压蒸馏，其基本原理是某些沸点较高的有机化合物在未达到沸点时往往发生分解或氧化的现象，所以，不能用常压蒸馏。在较低压力下进行蒸馏的操作称为减压蒸馏。当蒸馏系统内的压力降低后，其沸点随之降低，当压力降低到1.3～2.0kPa（10～15mmHg）时，许多有机化合物的沸点可以比其常压下的沸点降低80～100℃。因此，减压蒸馏对于分离提纯沸点较高或高温时不稳定的液态有机化合物具有特别重要的意义。

【实验目标】

知识目标 了解乙酰乙酸乙酯的制备原理和方法，加深对Claisen酯缩合反应原理的理解和认识；

技能目标 熟悉在酯缩合反应中金属钠的应用和操作，掌握无水操作、萃取和减压蒸馏装置的安装和操作；

价值目标 培养学生细致的观察力、科学思维能力和实验操作能力，培养学生不畏惧失败、勇于向困难挑战的精神。

【实验原理】

① 含有α-H的酯在碱性催化剂存在下，能和另一分子酯发生缩合反应生成β-酮酸酯，这类反应称为Claisen酯缩合反应。乙酰乙酸乙酯就是通过这个反应制备的。反应式如下：

$$CH_3CO_2C_2H_5 \xrightarrow{C_2H_5ONa} Na^+[CH_3COCH_2CO_2C_2H_5]^-$$

$$\xrightarrow{HOAc} CH_3COCH_2CO_2C_2H_5 + NaOAc$$

② 通常以乙酸乙酯及金属钠为原料，并以过量的乙酸乙酯为溶剂，利用乙酸乙酯中含有的微量乙醇与金属钠反应来生成乙醇钠，乙醇不断地反应，直至金属钠消耗完毕。但作为原料的乙酸乙酯中含乙醇量过高会影响到产品的产率，故一般要求乙酸乙酯中含乙醇量在3%以下。乙酰乙酸乙酯是一种酮式和烯醇式混合物，在室温下含有93%的酮式及7%的烯醇式。乙酰乙酸乙酯的钠化物在醇溶液中可与卤代烷发生亲核取代，生成一烷基或二烷基取代的乙酰乙酸乙酯。

【仪器及药品】

仪器：圆底烧瓶（100mL、50mL）、球形冷凝管、干燥管、蒸馏头、克氏蒸馏头、分液漏斗、接液管、温度计、油泵、量筒、电热套、毛细管、直形冷凝管、安全瓶、压力计。

药品：乙酸乙酯、金属钠、二甲苯、乙酸、饱和NaCl溶液、无水硫酸钠、氯化钙。

回流装置图如第2章实验2图1(a)所示，减压蒸馏装置如第2章实验5图2所示。

【实验过程】

1. 制钠珠

将2.5g金属钠和12.5mL干燥二甲苯放入干燥的装有回流冷凝管的100mL圆底烧瓶中。小心加热使钠熔融，拆去冷凝管，用橡胶塞塞紧圆底烧瓶，用力来回振摇，得细粒状钠珠。

2. 回流、酸化

稍经放置，钠珠沉于瓶底，将二甲苯倾滗出后倒入指定回收瓶中（切勿倒入水槽或废物缸，以免引起着火）。迅速向瓶中加入27.5mL乙酸乙酯，重新装上冷凝管，并在其顶端装一支氯化钙干燥管。反应开始有氢气泡逸出。如反应很慢时，可稍加温热。待激烈地反应过后，则“小火”加热，保持微沸状态，直至所有金属钠全部作用完为止，反应约需 1.5h。此时生成的乙酰乙酸乙酯钠盐为橘红色透明溶液（有时析出淡黄白色沉淀）。待反应物稍冷后，在摇荡下加入 50%的乙酸溶液，直到反应液呈弱酸性（pH＝5～6）为止（约需 15mL）。此时，所有的固体物质均已溶解。

3. 分液、干燥

将溶液转移到分液漏斗中，加入等体积的饱和氯化钠溶液，用力摇振片刻。静置后，乙酰乙酸乙酯分层析出。分出上层粗产物，用无水硫酸钠干燥后滤入蒸馏瓶，并用少量乙酸乙酯洗涤干燥剂，一并转入蒸馏瓶中。

4. 蒸馏和减压蒸馏

先沸水浴蒸去未作用的乙酸乙酯，然后将剩余液移入 50mL 圆底烧瓶中，用减压蒸馏装置进行减压蒸馏。减压蒸馏时必须缓慢加热，待残留的低沸点物质蒸出后，再升高温度，收集乙酰乙酸乙酯，产量约 6g。

乙酰乙酸乙酯沸点与压力的关系如表 1。

表 1　乙酰乙酸乙酯沸点与压力的关系

压力/mmHg①	760	80	60	40	30	20	18	14	12
沸点/℃	181	100	97	92	88	82	78	74	71

① 1mmHg≈133.3Pa。

纯的乙酰乙酸乙酯的沸点 180.4℃，折射率 n_D^{20} 1.4192。

【实验数据记录】

观察并记录实验数据及现象于表 2 中。

表 2　实验数据及现象记录表

实验步骤	实验现象
制钠珠	加热后钠成(　　)状态，趁热摇匀后得到(　　)
回流、酸化	金属钠逐渐(　　)，溶液呈(　　)色(　　)(选透明或浑浊)液体。加入酸后先有(　　)色固体生成，继续加酸后固体(　　)，溶液呈(　　)色
分液、干燥	分液干燥后得到(　　)色液体
蒸馏和减压蒸馏	气压为(　　)kPa，温度为(　　)℃时有前馏分蒸出，气压为(　　)kPa，温度为(　　)℃时有馏分蒸出，此时开始收集产物。收集到的产物为(　　)色(　　)(选透明或浑浊)液体

【注意事项】

① 乙酸乙酯必须绝对干燥，但其中应含有 1%～2%的乙醇。其提纯方法为：将普通乙酸乙酯用饱和氯化钠溶液洗涤数次，再用烘焙过的无水碳酸钾干燥，在水浴上蒸馏，收集 76～78℃的馏分。

② 金属钠遇水即燃烧、爆炸，故使用时应严格防止与水接触。在称量或切片过程中应当迅速，以免与空气中的氧和水分反应。金属钠的颗粒大小直接影响缩合反应的速率。

③ 仪器干燥的作用：a. 金属钠易与水反应生成氢气及放出大量的热，易导致燃烧和爆炸；b. 钠与水反应生成的 NaOH 的存在易使乙酸乙酯水解成乙酸钠，造成原料耗损；c. 水使金属钠消耗难以形成碳负离子中间体，导致实验失败。

④ 摇钠时应注意钠珠的颗粒大小，因为钠珠的大小决定着反应的快慢。钠珠越细越好，应呈小米状细粒。否则，应重新熔融再摇。钠珠熔融时中间一定不能停，且要来回振摇，使瓶内温度下降不至于使钠珠结块。

⑤ 一般要使钠全部溶解，但很少量未反应的钠并不妨碍进一步操作。

⑥ 用乙酸中和时，开始有固体析出，继续加酸并不断振摇，固体会逐渐消失，最后得到澄清的液体。如有少量固体未溶解，可加少许水使之溶解。但应避免加入过量的乙酸，否则会增加酯在水中的溶解度而降低产量。

⑦ 乙酰乙酸乙酯在常压蒸馏时，很容易分解而降低产量。

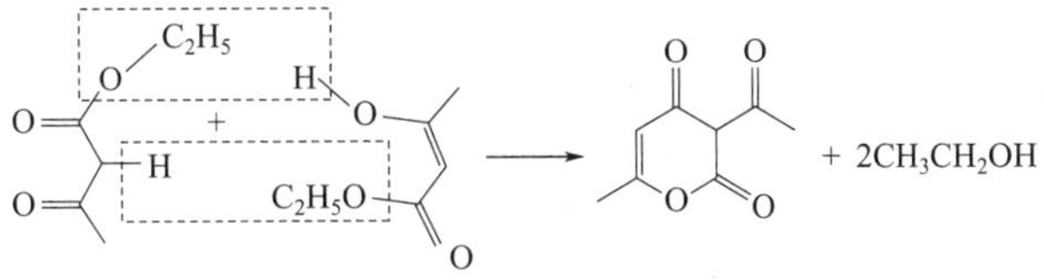

$+ 2CH_3CH_2OH$

酮式　烯醇式　去水乙醇

⑧ 产率是按钠的用量计算的。

【思考题】

① 制备实验中，为何加入50%乙酸和饱和食盐水？

② 实验为何采用减压蒸馏？

③ 乙酰乙酸乙酯制备的反应机理是什么？请写出化学反应方程式。

实验 21　酯化反应——乙酰水杨酸（阿司匹林）的合成

【实验引入】

乙酰水杨酸（acetyl salicylic acid）通常称为阿司匹林（aspirin），是一种白色结晶或结晶性粉末，无臭或微带乙酸臭，微溶于水，易溶于乙醇，可溶于乙醚、氯仿，水溶液呈酸性。它是由水杨酸（邻羟基苯甲酸）和乙酸酐合成的。早在18世纪，人们已从柳树皮中提取了水杨酸，并注意到它可以作为止痛、退热和抗炎药，不过对肠胃刺激作用较大。19世纪末，人们终于成功地合成了可以替代水杨酸的有效药物乙酰水杨酸。直到目前，阿司匹林仍然是一个广泛使用的具有解热止痛作用治疗感冒的药物，并发现它有抑制诱发心脏病、防止血栓症和中风等新功能，其医用价值似乎还未穷尽。

【实验目标】

知识目标　掌握醇（酚）与酸酐进行酯化反应制备酯的原理和实验方法；

技能目标　掌握根据杂质和产物性质不同进行纯化的原理和方法；

价值目标　学会通过化合物自身性质来采用化学方法初步验证产物的纯度思维，深刻理解化学、化工对人类健康的积极作用，并了解一个化学化工从业者对社会应该履行的责任。

【实验原理】

水杨酸是一个具有酚羟基和羧基双官能团化合物，能进行两种不同的酯化反应，当与乙酸酐作用时，可以得到乙酰水杨酸，同时，水杨酸分子之间可以发生缩合反应，生成少量的聚合物。

其主要反应有：

$$\text{(COOH, OH)} + (CH_3CO)_2O \xrightarrow{85\%\ H_3PO_4} \text{(COOH, OCOCH}_3\text{)} + CH_3COOH$$

副反应：

$$2\ \text{(COOH, OH)} \longrightarrow \text{(COOH; O; C=O; OH)} + H_2O$$

$$\text{(COOH, OCOCH}_3\text{)} + \text{(COOH, OH)} \longrightarrow \text{(COOH; O—C(=O); OCOCH}_3\text{)} + H_2O$$

$$n\ \text{(HO, COOH)} \xrightarrow{H_2SO_4} [\text{—O—C(=O)—O—C(=O)—O—C(=O)—O—}]_m + nH_2O$$

乙酰水杨酸能与碳酸氢钠反应生成水溶性钠盐，而副产物聚合物不能溶于碳酸氢钠，这种性质上的差别可用于阿司匹林的纯化。与大多数酚化合物一样，水杨酸可与三氯化铁形成深色络合物，阿司匹林因酚羟基已被酰化，不再与三氯化铁发生颜色反应，因此杂质很容易被检测出。

【仪器及药品】

仪器：单口烧瓶或125mL锥形瓶、球形冷凝管、量筒、温度计、烧杯、玻璃棒、抽滤瓶、布氏漏斗、水浴装置、电热套。

药品：水杨酸、乙酸酐、磷酸（85%）、浓盐酸溶液、饱和碳酸氢钠溶液、1% $FeCl_3$ 溶液。

【实验步骤】

1. 酯化反应

在干燥的125mL锥形瓶中放入称量好的水杨酸（2g，0.045mol）、新蒸乙酸酐（6mL，5.4g，0.053mol），滴入5滴浓硫酸，轻轻摇荡锥形瓶使水杨酸溶解，安装好回流管，搭建好装置。然后在80～90℃水浴中加热约15min，从水浴中移出锥形瓶，冷却到室温，慢慢滴入5～8mL冰水，此时反应放热，甚至沸腾。反应平稳后，再加入40mL水，用冰水浴冷却，并用玻璃棒不停搅拌，使结晶完全析出。若未出现固体，只出现液体分层（无法抽滤）时，需要用玻璃棒不断摩擦瓶壁并继续用冰水冷却（必要时，可用冰盐浴冷却），直至出现固体，抽滤，用少量冰水洗涤两次，得阿司匹林粗产物。

2. 纯化

将阿司匹林的粗产物转移至另一锥形瓶中，加入25mL饱和 $NaHCO_3$ 溶液，搅拌，直至无 CO_2 气泡产生，抽滤，用少量水洗涤，将洗涤液与滤液合并，弃去滤渣（为何物?）。预先在烧杯中加入5mL浓盐酸并加入10mL水，配好盐酸溶液，再将上述滤液搅拌下，缓慢倒入烧杯中，阿司匹林沉淀析出，冰水冷却令其结晶完全，抽滤，冷水洗涤，玻璃塞压干滤饼，干燥。

3. 检验

利用水杨酸属于酚类物质可与 $FeCl_3$ 发生颜色反应的特点，取几粒结晶加入盛有 3mL 水的试管中加入 1～2 滴 1%的 $FeCl_3$ 溶液，观察有无颜色反应。

纯乙酰水杨酸为白色结晶性粉末，熔点 135～136℃。

【实验数据记录】

记录实验数据于表 1 中。

表 1 实验数据记录表

名称	水杨酸/g	硫酸/滴	乙酸酐/mL	$NaHCO_3$ 溶液/mL
用量				

阿司匹林的质量（g）：

阿司匹林的产率：

【注意事项】

① 硫酸在加入的时候一定要缓慢，等待其反应之后再继续加入，不然溶液会被碳化，在加热的时候有颜色。

② 反应温度在 80℃左右，太低反应不进行；太高，乙酰水杨酸发生一系列副反应。

③ 反应结束第一次加水时要少量多次加入，乙酸酐分解放热，蒸气溢出，防止溶液溅出。

④ 加入饱和碳酸氢钠时要一边加一边搅拌，会产生大量气泡，少量多次加完。

【思考题】

① 为什么使用新蒸馏的乙酸酐？

② 加入浓硫酸的目的是什么？

③ 为什么控制反应温度（内温）在 70℃左右？

④ 抽滤时怎样正确洗涤产品？

⑤ 乙酰水杨酸还可以使用什么溶剂进行重结晶？重结晶时需要注意什么？

⑥ 乙酰水杨酸熔点测定时需要注意什么问题？

实验 22 色谱分离法——菠菜色素的提取和分离

【实验引入】

菠菜叶中富含多种色素成分，如叶绿素（绿色）、胡萝卜素（橙黄色）和叶黄素（黄色）等多种天然色素。

叶绿素存在两种结构相似的形式即叶绿素 a（$C_{55}H_{72}O_5N_4Mg$）和叶绿素 b（$C_{55}H_{70}O_6N_4Mg$）。二者差别仅是 a 中一个甲基被 b 中的甲酰基所取代（图 1）。它们都是吡咯衍生物与金属镁的络合物，是植物进行光合作用所必需的催化剂。植物中叶绿素 a 的含量通常是 b 的 3 倍。尽管叶绿素分子中含有一些极性基团，但分子中大的烷基结构使它易溶于丙酮、乙醇、乙醚、石油醚等有机溶剂。

胡萝卜素（$C_{40}H_{56}$）是具有长链结构的共轭多烯。它有三种异构体，即 α-胡萝卜素、β-

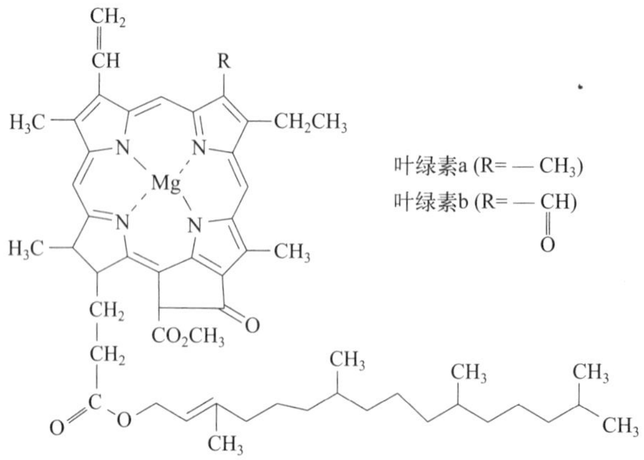

图 1 叶绿素 a 和叶绿素 b 的分子结构

胡萝卜素（图 2）和 γ-胡萝卜素，其中 β-异构体含量最多，也最重要。在生物体内，β-胡萝卜素受酶催化氧化即形成维生素 A（图 3）。目前 β-胡萝卜素已可进行工业生产，可作为维生素 A 使用，也可作为食品工业中的色素。

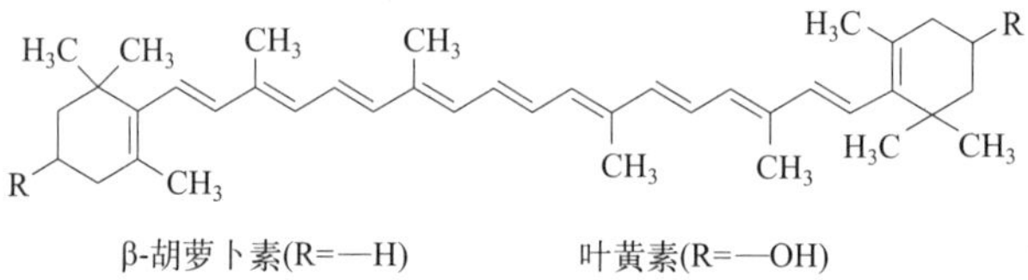

图 2 β-胡萝卜素和叶黄素的分子结构

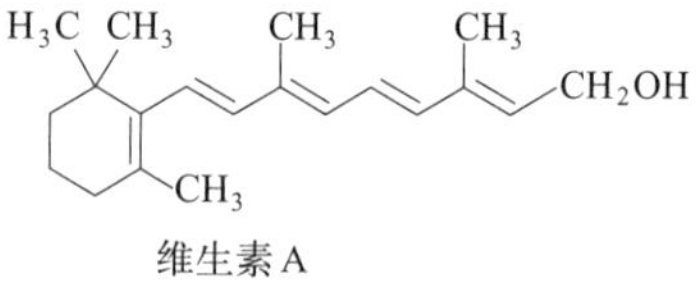

图 3 维生素 A 的分子结构

叶黄素（$C_{40}H_{56}O_2$）是胡萝卜素的羟基衍生物（图 2），它在绿叶中的含量通常是胡萝卜素的两倍。与 β-胡萝卜素相比，叶黄素较易溶于醇而在石油醚中溶解度较小。根据这些色素在有机溶剂中的溶解性，可将它们提取出来。

【实验目标】

知识目标 了解菠菜中主要色素的基本性质，通过菠菜色素的提取和分离，了解天然物质分离提纯方法及原理；

技能目标 进一步熟悉和掌握柱色谱和薄层色谱的原理及应用；

价值目标 认识到化学与生活的紧密联系，自然界的植物、动物为人类生存提供了大量物质以及生命体与有机化合物的重要关联性。

【实验原理】

色谱法是一种物理的分离方法，其原理是利用混合物中各成分的物理化学性质的差异，当选择某一条件使混合物中各成分流过支持剂或吸附剂时，各成分可因其物理性质不同而分离。分离效果的好坏关键在于条件的选择。

本实验利用有机溶剂将菠菜中的色素浸提出来，利用柱色谱和薄层色谱法将色素分离开来。

【仪器及药品】

仪器：载玻片、研钵、层析缸、薄层色谱硅胶G板、点样毛细管、色谱柱、滴管、分液漏斗、锥形瓶、烘箱、布氏漏斗、滴液漏斗。

药品：新鲜菠菜、石油醚、乙醇、乙酸乙酯、中性氧化铝（柱色谱用）、薄层色谱硅胶、丙酮、苯、饱和食盐水、无水硫酸钠、羧甲基纤维素钠（CMC-Na）。

【实验步骤】

1. 薄层色谱板的制备

称取适量硅胶，按硅胶和水1∶3（质量比）的比例加入0.5% CMC-Na水溶液中，调成糊状，用倾泻法涂在干净薄层板上，轻轻振摇，使硅胶浆料均匀平整铺开，放置约1h，晾干，置于烘箱中，逐渐升温至110℃，活化0.5h，冷却，置于干燥器中备用。

2. 样品制备

称取5.0克洗净晾干水分的新鲜菠菜叶，用剪刀剪碎，放在锥形瓶中，加入30mL 2∶1（体积比）的石油醚和乙醇混合溶剂，浸没菠菜叶片，用玻璃棒搅动数分钟，以利于菠菜叶的细胞破裂，色素浸出。布氏漏斗抽滤，将菠菜汁转入分液漏斗，分去水层，分别用等体积的饱和食盐水和蒸馏水洗涤两次，以除去萃取液中的乙醇（洗涤时要轻轻旋荡，以防止产生乳化）。弃去水-乙醇层，石油醚层用无水硫酸钠干燥后滤入锥形瓶，置于暗处备用。

3. 薄层层析

用点样毛细管吸取菠菜萃取液，小心慢慢滴在铺制好的薄层色谱板上，滴入在硅胶板上的萃取液要成一条直线，直线离板下沿约1厘米，放入装有2∶1.5∶2（体积比）的石油醚-丙酮-苯混合展开剂的层析缸内，于暗处室温展开，得五条色带。取出，待溶液挥发后，测量各色带及溶剂前沿到原点的距离，计算R_f值。薄层色谱点板及展开后的薄层色谱板见图4。

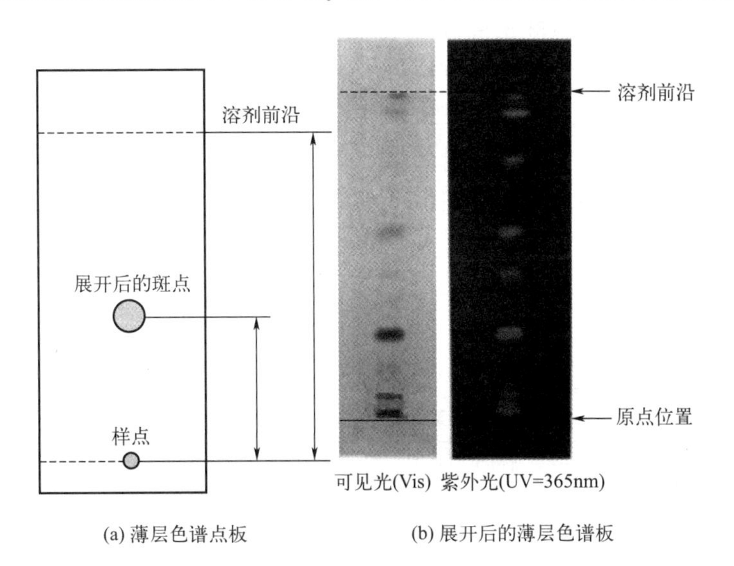

(a) 薄层色谱点板　　(b) 展开后的薄层色谱板

图4　薄层色谱点板及展开后的薄层色谱板

尝试不同展开剂：石油醚∶丙酮=8∶2（体积比）、石油醚∶乙酸乙酯=6∶4（体积比），比较溶剂对展开效果的影响。

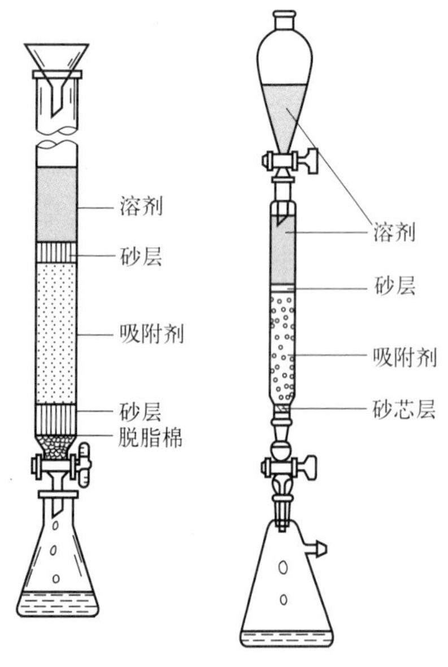

图 5　柱色谱装置图

4. 柱色谱

柱色谱装置示意图如图 5 所示。在 20cm×φ1.0cm 的色谱柱或合适的酸式滴定管中，加 15cm 高的石油醚。另取少量脱脂棉，先在小烧杯内用石油醚浸湿，挤压以驱除气泡，然后放在色谱柱底部，在它上面加一片直径比柱略小的圆形滤纸。将 15g 层析用的中性氧化铝（150～160 目）从玻璃漏斗中缓缓加入，小心打开柱下旋塞，保持石油醚高度不变，流下的氧化铝在柱子中堆积。必要时用装在玻璃棒上的橡胶塞（或洗耳球）轻轻在色谱柱的周围敲击，使吸附剂装得平整致密。柱中溶剂面由下端旋塞控制，不能满溢，更不能流干。装完后，上面再加一片圆形滤纸，打开下端旋塞，放出溶剂，直到氧化铝表面剩下 1～2mm 高溶剂为止，氧化铝表面不得露出液面。

将上述菠菜色素的浓缩液用滴管小心地加到色谱柱顶部，加完后，打开下端旋塞，让液面下降到柱面以下 1mm 左右，关闭旋塞，用滴管滴加数滴石油醚，打开旋塞，使液面下降，经几次反复，使色素全部进入柱体。

待色素全部进入柱体后，在柱顶小心加约 1.5cm 高度的洗脱液——石油醚：丙酮＝9：1（体积比），然后在色谱柱上面装一滴液漏斗，内装 15mL 洗脱剂。打开上下两个旋塞，让洗脱剂逐滴放出，用锥形瓶收集。当第一个有色成分即将滴出时，另取一锥形瓶收集，得橙黄色溶液，即为胡萝卜素，约用洗脱剂 50mL。

以石油醚：丙酮＝7：3（体积比）为洗脱剂，收集第二个黄色带，为叶黄素。然后以正丁醇：乙醇：水＝3：1：1（体积比）为溶剂进行洗脱，接收相应色素带，即得叶绿素 a（蓝绿色溶液）及叶绿素 b（黄绿色溶液）。最后将分离后的色素进行薄层色谱分析。

【实验流程图】

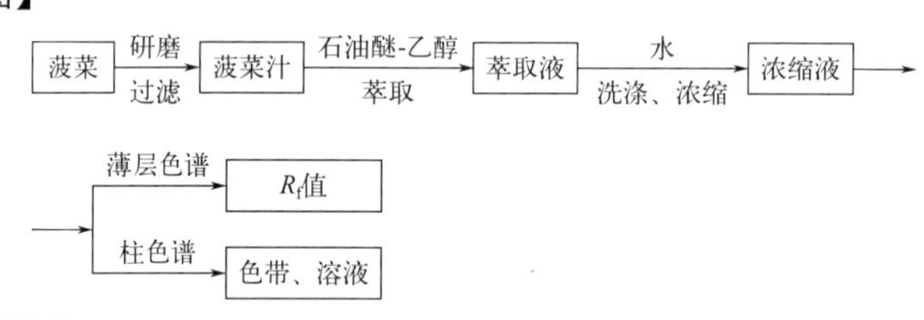

【实验数据记录】

观察实验现象并记录数据于表 1 中。

表 1　菠菜叶片色素色谱分析数据

编号	颜色	溶剂前沿至原点中心的距离	溶质的最高浓度中心至原点中心的距离	R_f 值	文献值
1					
2					
3					
4					
5					

【注意事项】

① 叶黄素易溶于醇而在石油醚中溶解度较小，从嫩绿菠菜得到的提取液中，叶黄素含量很少，柱色谱中不易分出黄色带。

② 要选取新鲜、颜色深的菠菜叶片。

③ 菠菜研磨时要适当，不可研磨得太烂而成糊状。

④ 洗涤时要轻轻悬摇，避免乳化。

⑤ 分液时注意有机层和水层的选取。

⑥ 装柱时边装边轻轻敲打，使其严实。

【思考题】

① 薄层色谱的展开为什么要在密闭容器中？

② 点样时如样品斑点过大有什么坏处？若将样品斑点浸入展开剂中会有什么后果？

③ 比较叶绿素、胡萝卜素、叶黄素三种色素的极性，说明为什么胡萝卜素在氧化铝中移动最快？

④ 在完成实验分离时，黄色不是很明显，为什么？

⑤ 在用色谱柱分离时，柱中的填料会发生断层，出现这种现象的原因是什么？

⑥ 有的同学实验不是很成功，当把色素倒入柱中时，未出现分层，而是聚集在一起，原因是什么？

⑦ 分液时水洗的目的是什么？

⑧ 为什么要提取自然色素？

实验 23 安息香缩合——安息香的合成

【实验引入】

安息香又称苯偶姻（benzoin）、二苯乙醇酮、2-羟基-2-苯基苯乙酮或 2-羟基-1,2-二苯基乙酮，结构上有两个苯环。安息香是一种无色或白色晶体，可作为药物和润湿剂的原料，还可用作生产聚酯的催化剂。安息香分子中间的两个碳上分别有羰基和羟基，能进行多种反应，是非常有价值的化合物，在化学、化工、医药等领域有广泛的用途。

安息香的功效与作用：安息香辛、苦、平，归心脾经，有开窍祛痰、行气活血、止痛作用，可以治疗心脑血管病引起的昏迷，一般配合石菖蒲；可以治疗风寒湿引起的关节炎，可以与独活、威灵仙配伍；可以治疗气滞血瘀导致的冠心病心前区刺痛，或产后恶露不下、瘀血内停，阻碍气血流通，导致气血逆乱、上攻心胸而突发头晕、昏迷；小儿惊风抽搐可以用安息香，单用研磨口服；安息香外敷可以促进伤口愈合，本品一般不入煎剂。

【实验目标】

知识目标 学习由苯甲醛为起始原料经安息香缩合反应得到二苯乙醇酮的过程，学习安息香及其衍生物的合成和表征，学习辅酶催化合成安息香的原理及其合成方法；

技能目标 多步骤有机合成训练，练习红外光谱仪的使用方法，掌握如何用红外光谱图表征化合物的分子结构；

价值目标 本实验催化剂以维生素 B_1 替换剧毒物氰化钠（钾），化学反应向绿色环境友好方向发展，践行“绿水青山就是金山银山”理念。

【实验原理】

安息香可以由苯甲醛反应制得。因其相当于两分子醛缩合在一起的产物，故这个反应称为安息香缩合。传统的安息香缩合是在碱性条件下用氰化钾或氰化钠作催化剂催化完成反应，反应效果好，收率高，但氰化物有剧毒，环境污染严重，不适合工业生产。化学工作者围绕催化剂展开了许多研究，积极寻找新型替代催化剂。维生素 B_1（盐酸硫胺，VB_1）就是其中的一个。VB_1 本身是生物体内的一种辅酶，是人体必需营养素，无毒，作为催化剂使用，操作简便，反应温和，产率较好。图 1 是 VB_1 的结构，起催化作用的部位是噻唑环部分。

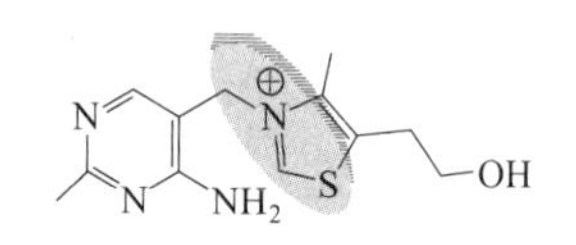

图 1　VB_1 的结构

VB_1 催化安息香缩合的反应机理如下所示：

① 噻唑环上的氢原子有较大的酸性，在碱的作用下失去氢原子而形成碳负离子，和邻位带正电荷的氮原子电荷中和后形成较为稳定的氮杂卡宾（NHC）。

② 噻唑环的 NHC 与苯甲醛的羰基发生亲核加成，形成 Zwitter-ion 加合物，环上带正电荷的氮原子起了稳定电荷的作用，使原醛上的氢发生转移，羰基碳转变为碳负离子，可以继续进攻另一分子苯甲醛形成一个新的偶联产物。最后，辅酶加合物离解成安息香，辅酶复原，实现催化作用。反应方程式如图 2 所示。

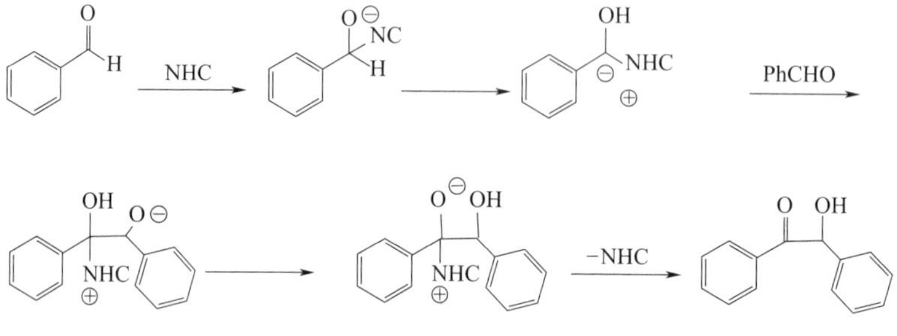

图 2　VB_1 催化安息香缩合的反应机理图

【仪器及药品】

仪器：三口烧瓶（100mL）、球形冷凝管、分水器、温度计、分液漏斗、常压蒸馏装置。

药品：VB_1、95%乙醇、NaOH 溶液、苯甲醛。

【实验步骤】

在 100mL 三口烧瓶中顺壁加入搅拌子、3.5g（10mmol）VB_1 和 7mL 蒸馏水，振摇使 VB_1 全部溶解，然后再向其中加入 30mL 95%乙醇，放入冰浴中，搅拌。同时在试管中量取 3mol/L NaOH 溶液，也放在冰浴中冷却。在冰浴下，将 NaOH 溶液缓慢逐滴加到烧瓶中，调节溶液 pH=9～10，此时溶液颜色逐渐变为黄色，约 5min 加完。去掉冰水浴，量取 20mL 新蒸苯甲醛（200mmol）加入烧瓶，重新调节溶液 pH=9～10，在 60～76℃水浴上加热，反应 15～20min 后，再次调节溶液 pH，保持在 8～9 之间，继续加热反应，总共反应 90min 左右。反应结束后，冷却即有白色或淡黄色晶体析出，抽滤，用少量冷水洗涤固体。产物纯化用 95%乙醇重结晶，如颜色较深，显黄色需加入活性炭脱色。将产物在红外灯下干燥，称重，测定熔点和红外光谱。计算产率。

纯安息香的熔点为 137℃。

【注意事项】

① VB_1 在酸性条件下是稳定的，易吸水，在氢氧化钠溶液中噻唑环易开环失效，反应前 VB_1 和碱液必须冷却后再加入，加碱时必须在冰浴冷却和搅拌下慢慢加入。

② 苯甲醛放置后会有苯甲酸，醛在碱性条件下也容易发生歧化反应产生苯甲酸，因此，在反应前和进行中都要检查 pH，保证反应在 8～9 范围进行。用前最好经 5%碳酸氢钠溶液洗涤，再减压蒸馏，并避光保存。

③ 温度要控制好，反应是在接近沸腾的情况下完成的，加热时不要过于激烈。

④ 了解有机溶剂重结晶的注意事项。

【思考题】

① 加入苯甲醛前，反应混合物的 pH 要保持 9～10，溶液 pH 过低为什么不好？

② 本实验，氢氧化钠在缩合反应中发挥什么作用？理论用量是多少？

③ 本实验为什么要使用新蒸馏的苯甲醛？

④ 为什么加入苯甲醛后，反应混合物的 pH 要保持在 9～10？溶液的 pH 过高和过低有什么不好？

实验 24 重氮化和偶合反应——甲基橙的制备

【实验引入】

波义耳是 17 世纪英国著名的化学家、物理学家。一天早晨，波义耳正要到实验室去，花匠送来了一篮美丽的紫罗兰。波义耳随手拿起一束花观赏着，闻着那扑鼻的清香走进了实验室。波义耳想看一看盐酸的质量，于是把紫罗兰放在桌子上，去帮助助手。盐酸挥发出刺鼻的气味，像白烟一样从瓶口涌出，倒进烧瓶的淡黄色液体也在冒烟，“这盐酸不错！”波义耳放心了，从桌上拿起那束花准备回书房。这时他突然发现紫罗兰上也冒出了轻烟。原来，盐酸溅到花儿上了。他赶紧把花放到水里去洗刷。过了一会儿，紫罗兰的颜色由紫色变成红色的了。

波义耳在几个杯子里分别倒进不同的酸性液体，再往每个杯子里放进一朵花，全神贯注地观察着，看看有什么新的变化。只见深紫色的花儿渐渐变成了淡红色，过了一会儿又变成了深红色。这样，他就得出了一个结论：“不仅是盐酸，其他的各种酸类，都能使紫罗兰变成红色！”波义耳兴奋地对助手说：“这可太重要了！要判别一种溶液是不是呈酸性，只要把紫罗兰的花瓣放进溶液中去试一试就行了！”但是，紫罗兰并不是一年四季都开花的。波义耳想了一个办法，他在紫罗兰开花的季节里收集了大量的紫罗兰花瓣，将花瓣泡出浸液来。需要使用的时候，就往被试的溶液里滴一滴紫罗兰浸液。这就是他发明的“试剂”。

波义耳发明的是植物“试剂”。本实验将带领大家合成一种常用的化学指示剂甲基橙，同时甲基橙也是一种偶氮染料。

【实验目标】

知识目标 通过甲基橙的制备学习重氮化反应和偶合反应的实验操作；

技能目标 巩固盐析、过滤、洗涤、重结晶的原理和操作；

价值目标 通过控制低温反应条件，发生重氮化和偶合反应，明白融于事物的发展变化是由外部条件决定的道理。

【实验原理】

甲基橙是一种偶氮化合物，由对氨基苯磺酸发生重氮化反应生成的重氮盐，再由对氨基苯磺酸重氮盐与 *N*,*N*-二甲基苯胺的乙酸盐在弱酸性介质中偶合得到。偶合首先得到的是嫩红色的酸式甲基橙，称为酸性黄，在碱中酸性黄变为橙黄色的钠盐，即为甲基橙。

$$H_2N-C_6H_4-SO_3H \xrightarrow{NaOH} H_2N-C_6H_4-SO_3Na \xrightarrow[HCl]{NaNO_2} \left[HO_3S-C_6H_4-\overset{+}{N}\equiv N\right]Cl^-$$

$$\xrightarrow[AcOH]{C_6H_5N(CH_3)_2} \left[HO_3S-C_6H_4-\underset{H}{\overset{+}{N}}=N-C_6H_4-N(CH_3)_2\right]OAc^- \xrightarrow{NaOH}$$

$$HO_3S-C_6H_4-N=N-C_6H_4-N(CH_3)_2$$

【仪器及药品】

仪器：烧杯、锥形瓶、温度计、布氏漏斗、抽滤瓶、玻璃棒。

药品：对氨基苯磺酸、*N*,*N*-二甲基苯胺、亚硝酸钠、氢氧化钠、浓盐酸、苯乙酸、乙醚、乙醇、饱和氯化钠水溶液。

【实验步骤】

1. 对氨基苯磺酸重氮盐的制备

在100mL烧杯中加入2.1g（11mmol）对氨基苯磺酸晶体和10mL 5%氢氧化钠溶液，在热水浴中温热使之溶解。冷至室温后加入0.8g（11mmol）亚硝酸钠，使其溶解。在搅拌下，将上述混合溶液分批加入盛有13mL冰水和2.5mL盐酸的烧杯中，控制温度在5℃以下，滴加完后用淀粉碘化钾试纸检测。然后在冰盐水浴中放置15min，使重氮化反应完全。

2. 偶合反应

取一支试管，加入1.3mL（1.2g，10mmol）*N*,*N*-二甲基苯胺和1mL冰乙酸，振荡使之混合。不断搅拌，缓慢加入冷却的重氮盐溶液，加完继续搅拌10min，使偶合反应完全，此时有红色的酸性黄沉淀析出，反应物呈红色浆状。在冷却下搅拌，慢慢加入15mL 10%氢氧化钠溶液使反应物呈碱性，反应物变为橙黄色，粗制甲基橙呈细粒状沉淀析出。

3. 重结晶

将反应物加热至沸腾，使粗的甲基橙溶解后，稍冷，置于冰浴中冷却，待甲基橙全部重新结晶析出后，抽滤收集结晶。

用饱和氯化钠水溶液冲洗烧杯两次，每次用10mL，并用这些冲洗液洗涤产品。

若要得到较纯的产品，可将滤饼连同滤纸移到装有75mL热水的烧瓶中，微微加热并且不断搅拌，滤饼几乎全溶后，取出滤纸让溶液冷却至室温，然后在冰浴中再冷却，待甲基橙结晶全析出后，抽滤。依次用少量乙醇、乙醚洗涤产品。烘干后得到橙色小叶片状甲基橙晶体，称重，计算产率。

【注意事项】

① 对氨基苯磺酸是一种有机两性化合物，其酸性比碱性强，能形成酸性的内盐，它能与碱作用生成盐，难与酸作用生成盐，所以不溶于酸。但是重氮化反应又要在酸性溶液中完成，因此，进行重氮化反应时，首先将对氨基苯磺酸与碱作用，变成水溶性较大的对氨基苯

磺酸钠。

$$p\text{-}{}^{+}NH_3C_6H_4SO_3^- + NaOH \longrightarrow p\text{-}NH_2C_6H_4SO_3^-Na^+ + H_2O$$

在重氮化反应中，溶液酸化时生成亚硝酸：

$$NaNO_2 + HCl \longrightarrow HNO_2 + NaCl$$

② 对氨基苯磺酸钠亦变为对氨基苯磺酸从溶液中以细粒状沉淀析出，并立即与亚硝酸作用，发生重氮化反应，生成粉末状的重氮盐，为了使对氨基苯磺酸完全重氮化，反应过程必须不断搅拌。

$$p\text{-}NH_2C_6H_4SO_3^-Na^+ + HCl \longrightarrow p\text{-}{}^{+}NH_3C_6H_4SO_3^- \xrightarrow{HNO_2} p\text{-}{}^{+}N{\equiv}NC_6H_4SO_3^-$$

③ 重氮化反应过程中，控制量度很重要，反应温度若高于5℃，则生成的重氮盐易水解成酚类．降低了产率。

④ 用淀粉-碘化钾试纸检验，若试纸显蓝色表明亚硝酸过量。析出的碘遇淀粉就显蓝色。

$$2HNO_2 + 2KI + 2HCl \longrightarrow I_2 + 2NO + 2H_2O + 2KCl$$

这时应加入少量尿素除去过多的亚硝酸，因为亚硝酸能起氧化和亚硝基化作用，亚硝酸的用量过多会引起一系列副反应。

$$(H_3C)_2N\text{-}C_6H_5 \xrightarrow{HNO_2} (H_3C)_2N\text{-}C_6H_4\text{-}NO$$

$$\xrightarrow{H^+} (H_3C)_2^{+}N{=}C_6H_4{=}N\text{—}OH$$

$$\xrightarrow{NaOH} NaO\text{-}C_6H_4\text{-}NO + (CH_3)_2NH$$

$$H_2N\text{—}\underset{\underset{O}{\|}}{C}\text{—}NH_2 + 2HNO_2 \longrightarrow CO_2\uparrow + 2N_2\uparrow + 3H_2O$$

粗产品呈碱性，温度稍高时易使产物变质，颜色变深，湿的甲基橙受日光照射亦会使颜色变深，通常可在65～75℃烘干。用乙醇、乙醚洗涤的目的是使产品迅速干燥。

$$NaO_3S\text{-}C_6H_4\text{-}N{=}N\text{-}C_6H_4\text{-}N(CH_3)_2$$

黄色

$$NaO_3S\text{-}C_6H_4\text{-}NH\text{—}N{=}C_6H_4{=}\overset{+}{N}(CH_3)_2 \rightleftharpoons NaO_3S\text{-}C_6H_4\text{-}\overset{+}{N}H{=}N\text{-}C_6H_4\text{-}N(CH_3)_2$$

【思考题】

① 制备重氮盐为什么要维持0～5℃的低温，温度高有何不良影响？

② 在本实验中，制备重氮盐时为什么要把对氨基苯磺酸变成钠盐？本实验如果先将对氨基苯磺酸与盐酸混合，再滴加亚硝酸钠溶液进行重氮化的反应，可以吗？为什么？

③ 试解释甲基橙在酸碱介质中变色的原因，并用反应式表示。

④ 重氮化为什么要在强酸条件下进行？偶合反应为什么要在弱酸条件下进行？

第4章

项目化教学实验

实验25 乙酸乙酯的合成与提纯——酯化反应

任务1 接受任务、设计方案

【任务目标】

知识目标 理解目标任务，熟悉乙酸乙酯的合成原理、制备流程和提纯方法；

技能目标 掌握检索、整理资料的方法，提高方案PPT的制作技巧，小组能合理进行分工、顺利完成方案报告；

价值目标 培养学生分析问题、探索问题、解决问题的科学思维能力，提高学生的分工合作能力，培养各小组的集体荣誉感。

【实施过程】

① 老师提出乙酸乙酯合成的学习目标任务（表1）→提供素材或参考资料目录→学生查阅资料→小组讨论与交流→制作、美化PPT方案→PPT演讲录制预答辩视频→提交给老师检查并提出建议→小组完成修改→再提交老师指导直至合格，准备好任务2的方案PPT讲解和答辩。

预备知识链接：

a. 介绍乙酸乙酯的理化性质和用途。

b. 实验室制备乙酸乙酯的原理和方法。

c. 加热回流装置的搭建方法。

d. 蒸馏装置的搭建。

e. 液体洗涤与分液操作技术。

② 学生按照老师提出的任务，研读和分析表1，组内讨论，组间交流，然后进行小组分工（组长组织讨论分工：PPT制作人、PPT讲解人、PPT美化人、记录人、主要提问人及提问内容），认真填写**作品1**-任务分工合作表。

③ 学生查阅参考资料，了解乙酸乙酯的性质、用途、制备原理、分离提纯方法等。画出相关装置图、乙酸乙酯的制备操作流程图（包含液体洗涤和分液操作）。学生小组内交流，

每小组派1～2名代表进行PPT讲解和交流（回答组员提出的模拟问题）。

【任务要求】

完成：**作品1**-任务分工合作表、**作品2**-方案PPT。

作品2-方案PPT制作主要内容参照表1。

表1 乙酸乙酯合成与提纯的方案报告关键问题

序号	关键问题	备注
1	乙酸乙酯的分子量、颜色、香味、折射率、密度、熔点、沸点、溶解性等理化性质及用途	列表
2	制备乙酸乙酯的合成原理，可能的副反应	写方程式
3	乙酸乙酯合成与提纯的流程图	方框-箭头图
4	加热回流装置、普通蒸馏装置所包含的仪器，请画出装置图，并标注仪器名称	画装置图
5	液体洗涤与分液的主要操作步骤	方框-箭头图
6	乙酸乙酯的制备和提纯过程中主要观察和记录要点	列举小项
7	操作注意事项	
8	完成**作品1**-任务分工合作表，简要说明任务完成情况	画表格对比

任务2 方案汇报与评价

【任务目标】

知识目标 熟练掌握乙酸乙酯制备、提纯的原理、方法和流程；

技能目标 熟悉方案PPT内容，能熟练演讲PPT，能全面准确地回答师生提出的问题；

价值目标 锻炼学生的演讲能力、思考能力和应变能力。

【实施过程】

① 各组安排评委和记录员各一人，评委对其他小组汇报进行评分，记录员记录讲解、提问、回答和点评情况。

② 各小组的汇报人进行方案PPT演讲，记录员进行记录，评委进行评分。

③ 讲解结束，进入交流互动环节，其他组同学提问，汇报组答辩。

④ 各组学生评委完成**作品3**-方案PPT汇报互评表。

⑤ 老师点评、学生提问答辩，各组秘书完成**作品4**-方案PPT汇报记录表。

任务3 实验操作——乙酸乙酯的合成与提纯

【任务目标】

知识目标 学习乙酸乙酯的制备和提纯操作方法；

技能目标 掌握液体有机物的制备（回流操作）、提纯（蒸馏、酸洗、分液、干燥等）操作技能；

价值目标 培养学生的实验观察能力、分析问题的能力，激发学生科学思维和创新解决问题的能力。

【实施过程】

1. 合成乙酸乙酯

学生根据自己设计的方案开展实验，包括实验准备、称量药品、搭建反应装置、加热回流、蒸馏、记录反应现象、判断反应终点。

2. 纯化乙酸乙酯

蒸馏分离，用饱和碳酸钠溶液洗涤、分液，用饱和食盐水溶液洗涤、分液，用饱和氯化钙溶液洗涤、分液，液体产品干燥。

3. 乙酸乙酯的检测

测定纯化后的乙酸乙酯的折射率或沸点，判断乙酸乙酯的纯度。

【方法提要】

1. 实验原理

在少量酸（H_2SO_4 或 HCl）催化下，羧酸和醇反应生成酯，这个反应叫作酯化反应。该反应通过加成-消去过程，即质子活化的羰基被亲核的醇进攻发生加成，在酸的作用下脱水生成酯。

乙酸乙酯的合成方法很多，例如：可由乙酸或其衍生物与乙醇反应制取，也可由乙酸钠与卤乙烷反应来合成。其中最常用的方法是在酸催化的条件下，由乙酸和乙醇直接酯化制取。常用浓硫酸、浓盐酸、对甲苯磺酸或强酸性阳离子交换树脂等作催化剂。若用浓硫酸作催化剂，其用量是醇的3%即可。其主反应为：

$$CH_3COOH + CH_3CH_2OH \underset{120\sim125^\circ C}{\overset{浓\ H_2SO_4}{\rightleftharpoons}} CH_3COOC_2H_5 + H_2O$$

副反应：

$$CH_3CH_2OH \xrightarrow[170^\circ C]{浓\ H_2SO_4} CH_2{=}CH_2 + H_2O$$

$$2CH_3CH_2OH \xrightarrow[140^\circ C]{浓\ H_2SO_4} C_2H_5OC_2H_5 + H_2O$$

酯化反应为可逆反应，提高产率的措施为：一方面加入过量的乙醇；另一方面在反应过程中不断蒸出生成的产物和水，促进平衡向生成酯的方向移动。但是，酯和水或乙醇的共沸物沸点与乙醇接近，为了能蒸出生成的酯和水，又尽量使乙醇少蒸出来，本实验采用了较长的分馏柱进行分馏。

乙酸乙酯的合成反应装置图为普通球形冷凝加热回流装置（图1），或带刺形分馏柱的加热回流装置（图2）。蒸馏装置图见第2章实验5图1所示。

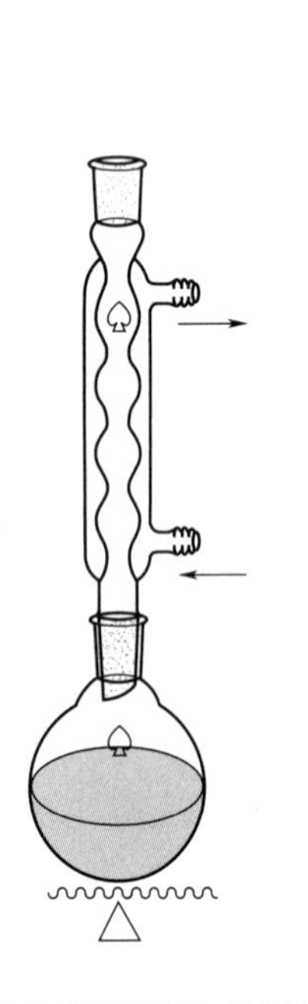

图1 普通球形冷凝加热回流装置

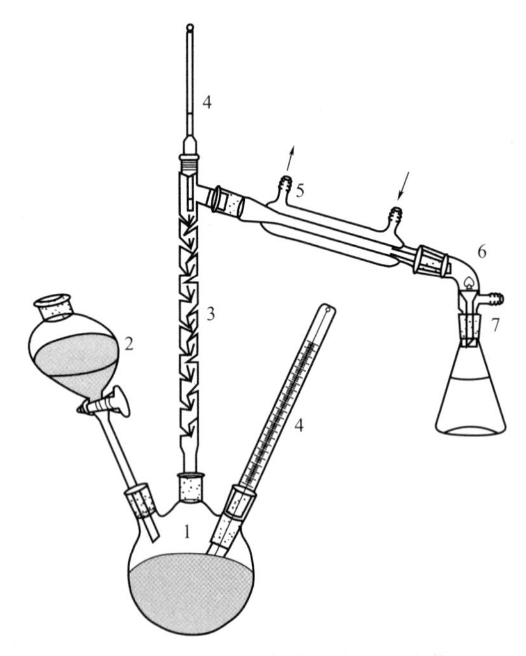

图2 带刺形分馏柱和滴液漏斗的回流装置

1—三口烧瓶；2—球形滴液漏斗；3—刺形分馏柱；4—温度计；5—直形冷凝管；6—真空接馏管；7—锥形瓶

2. 实验仪器

本实验所需要的仪器如表 2。

表 2 仪器清单

名称规格	数量	名称规格	数量
公用			
阿贝折射仪	1 台	20mL 量筒	4 个
10mL 刻度移液管	4 支		
每小组用(每组一套)			
电热套	1 台	铁架台(铁夹)	2 套
100mL 三口圆底烧瓶	1 个	升降台	1 个
100mL 单口圆底烧瓶	1 个	直形冷凝管	1 个
刺形分馏柱	1 个	滴液漏斗	1 个
蒸馏头	1 个	沸石(或玻璃珠)	2～3 粒
温度计(带套管)	1 个	接馏管	1 个
锥形瓶(接收瓶)	1 个	分液漏斗	1 个
50mL 单口圆底烧瓶	1 个	50mL 烧杯	1 个
橡胶管	2 根		

3. 实验药品

本实验主要药品及产品的理化性质如表 3 所示。

表 3 药品清单及理化性质

名称	分子量	折射率	熔/沸点/℃	密度/$g \cdot mL^{-1}$	水中溶解度/$g \cdot 0.01 \cdot mL^{-1}$	用量/理论产量/mL
冰乙酸	60.05	1.3714	16.6/117.9	1.0492	易溶于水	8
乙醇	46.07	1.3611	−117/78.3	0.7893	易溶于水	4/18
乙酸乙酯	88.12	1.3723	−84/77.06	0.9003	8.6	$V_0=13.68$
浓硫酸	98	1.42879	10.51330	1.83	极易溶于水	—

4. 分析步骤（标注※为需要进行拍照记录的关键数据）

（1）合成

① 方法 1：回流法。在 100mL 圆底烧瓶中加入 14mL 95%乙醇※和 8mL 冰乙酸※，将圆底烧瓶放入盛有冷水的烧杯中，一边摇动烧杯，一边慢慢加入 5mL 浓硫酸※（需要缓慢多次加入，防止产生酸雾），然后加入 2 粒沸石※，再安装反应装置※（图 1）。用电热套缓慢加热烧瓶，保持反应体系处于微沸状态※（约为 120℃），回流反应 30min，改为蒸馏装置※，如实验 5 图 1 所示，在保持馏出液滴速为 1～2 滴 $\cdot s^{-1}$※，直到不再有液体流出为止，得到馏分为乙酸乙酯的粗产品※（粗产品中主要有哪些杂质?）。

② 方法 2：分馏法。在 100mL 三口圆底烧瓶中加入 5mL 95%乙醇※，摇动下分批加入 5mL 浓硫酸※并混合均匀（为什么需分批加入?），按图 2 安装带有分馏柱的反应装置※，并在滴液漏斗中加入 14mL 95%乙醇※和 8mL 冰乙酸※的混合溶液。缓慢加热反应物至

120℃※左右，将乙醇与冰乙酸的混合液通过滴液漏斗缓慢滴入※三口烧瓶中。加料的速度与酯蒸出速度大致相等（为什么？滴加速度过快或过慢有什么影响？），滴加完毕后继续加热数分钟，至不再有馏出物为止。

（2）纯化　反应完毕后，将 10mL 饱和碳酸钠溶液※缓慢地加入馏出液中，直到无二氧化碳气体溢出为止。饱和碳酸钠溶液要少量分批地加入，并要不断地摇动接收器（为什么？）。用石蕊试纸检验酯层※，如果酯层仍显酸性，再用饱和碳酸钠溶液※洗涤，直到酯层不显酸性※为止。把混合液倒入分液漏斗中，静置※，放出下面的水层※。用等体积的饱和氯化钠溶液洗涤（用途是什么？），再用等体积的饱和氯化钙溶液※洗涤，静置后放出下层废液※。从分液漏斗上口将乙酸乙酯※倒入干燥的小锥形瓶※，加入约 1g 无水碳酸钾干燥※。放置约 20min，在此期间间歇振荡锥形瓶。

把干燥的粗乙酸乙酯※滤入 50mL 圆底烧瓶中※，加入沸石※，安装好蒸馏装置，在水浴上加热蒸馏，收集 74～80℃馏分※。称重 $m=$____ g※或者量取产品体积 $V_1=$____ mL※。

5. 实验数据记录及产量计算和纯度分析

① 以______的量计算产率。计算公式：产率＝实际产量 V_1/理论产量 $V_0\times100\%$。

② 测定折射率，参见肖秀婵等主编《工科化学实验Ⅰ：无机及分析化学实验》第 2 章实验 7。

原始数据及实验数据记录表见表 4。

表 4　作品 5-实验过程数据记录表

<table>
<tr><td>冰乙酸体积/mL</td><td>乙醇体积/mL</td><td colspan="2">浓硫酸体积/mL</td><td>74～80℃馏分体积/mL</td></tr>
<tr><td></td><td></td><td colspan="2"></td><td></td></tr>
<tr><td rowspan="2">计算基准</td><td>物质的量/mol</td><td colspan="2">理论产量 V_0/mL</td><td>实际产量 V_1/mL</td></tr>
<tr><td></td><td colspan="2"></td><td></td></tr>
<tr><td>产率/%</td><td colspan="4"></td></tr>
<tr><td>沸点测定</td><td colspan="2">沸程/℃：</td><td colspan="2">判断纯度</td></tr>
<tr><td></td><td colspan="2">n_1</td><td colspan="2">n_2</td></tr>
<tr><td rowspan="2">折射率测定</td><td colspan="2"></td><td colspan="2"></td></tr>
<tr><td colspan="4">乙酸乙酯理论折射率为
判断纯度：纯度高□　　纯度低□
原因分析：</td></tr>
</table>

任务 4　总结汇报与评价

【任务目标】

知识目标　学会实验总结方法，制作总结 PPT，学会对实验结果进行分析与讨论；

技能目标　能熟练进行总结 PPT 制作和演讲，能全面准确地回答师生提出的问题，提高学生演讲能力；

价值目标　通过 PPT 演讲和互动交流讨论，提高学生语言表达能力和思维应变能力，提高小组的集体荣誉感。

【实施过程】

老师提出实验总结、评价和知识拓展要求→学生根据实验过程记录（过程照片）制作总结 PPT→总结 PPT 演讲→进行预答辩并录制视频→提交给老师检查→学生修改→总结 PPT 演讲和交流讨论→老师点评→学生修改 PPT 并提交。

【任务要求】

① 分工制作总结 PPT(**作品 6**)，制作要求见表 5。

② 组织小组内进行预汇报练习，并录音或录制视频，发给老师指导。

③ 按老师建议，修改总结 PPT。

④ 进行演讲和答辩：各组安排评委 1 人、记录员 1 人，评委对其他小组汇报进行评分，秘书（记录员）记录本组讲解、提问、回答和点评情况。

⑤ 各小组的汇报人进行方案 PPT 演讲，记录员进行记录，评委进行评分。

⑥ 讲解结束，进入交流互动环节，其他组同学提问，讲解人和本组成员进行答辩。

⑦ 各组学生评委完成**作品 7**-总结 PPT 汇报互评表。

⑧ 老师点评、提问交流，各组秘书完成**作品 8**-总结 PPT 汇报记录表。

⑨ 根据小组成员参与的贡献，完成**作品 9**-个人贡献自评表（角色担任评分表）。

⑩ 完成**作品 10**-项目小组得分表。

⑪ 完成**作品 11**-课程总评成绩统计表。

表 5 总结报告主要内容

序号	总结 PPT 报告要求	备注
1	制备乙酸乙酯的基本原理(主反应、副反应)	写方程式
2	加热回流装置照片、蒸馏装置照片	画装置图
3	乙酸乙酯粗产品的分离提纯(普通蒸馏、洗涤、分液、干燥)实验操作过程照片	画装置图
4	乙酸乙酯合成与提纯的操作流程图	方框-箭头图
5	实验原始记录和数据分析图片(**作品 5**)	照片
6	主要观察和记录要点	拍摄或记录点
7	实验操作过程的注意事项总结及实验感悟	对比表
8	完成**作品 9**-个人贡献自评表	

【注意事项】

① 加浓硫酸时，必须缓慢加入并充分振荡，使其与乙醇混合均匀，充分散热，避免产生酸雾，并且可避免在加热时因局部硫酸浓度过高引起有机物碳化等副反应。

② 正确进行蒸馏操作，温度计的位置会影响流出温度，温度计水银球的上沿应与蒸馏头的下沿持平，如图 3。

③ 在分液漏斗中加入饱和碳酸钠溶液后，应在摇动后放气，以避免产生 CO_2 使分液漏斗内压力过大，防止分液漏斗因压力过大而爆炸。

④ 在进行粗乙酸乙酯的精馏时，切记千万不能将干燥剂随同乙酸乙酯液体一同倒入蒸馏烧瓶内，要弃去，否则会形成共沸物，沸点会降至 70℃。

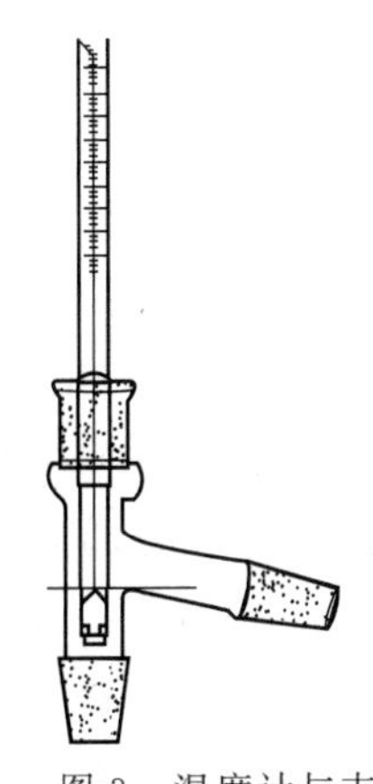

图 3 温度计与支管的位置

【思考题】

① 乙酸乙酯制备实验中浓硫酸的作用是什么？

② 使用分液漏斗分离液体混合物的优缺点有哪些？

③ 实验中，洗涤粗乙酸乙酯纯化时的洗涤顺序是什么？加入的各物质主要除去什么杂质？

④ 本实验若采用乙酸过量的做法是否合适？为什么？

⑤ 蒸出的粗乙酸乙酯中主要有哪些杂质？如何除去？

⑥ 酯层用饱和碳酸钠溶液洗涤后，为什么紧跟着用饱和氯化钠溶液洗涤，而不用饱和氯化钙溶液直接洗涤？

实验 26　乙酰苯胺的合成与提纯——酰胺化反应

任务 1　接受任务、设计方案

【任务目标】

知识目标　理解目标任务，熟悉乙酰苯胺的合成原理、制备流程和提纯方法；

技能目标　掌握方案 PPT 制作方法和美化技巧，小组能合理进行分工、顺利完成方案报告；

价值目标　培养学生分析问题、方案设计和科学思维能力，提高学生分工合作能力，培养集体荣誉感。

【实施过程】

① 老师提出乙酰苯胺合成的学习目标任务（表 1）→提供资讯素材或参考资料目录→学生查阅资料→小组讨论与交流→学生制作并美化方案 PPT→方案 PPT 讲解和答辩演练并录制视频→提交老师指导→老师提出修改建议→小组完成方案 PPT 修改直至合格，准备任务 2 方案汇报。

预备知识链接：

a. 介绍乙酰苯胺的理化性质和用途。

b. 实验室制备乙酰苯胺的原理和方法。

c. 乙酰苯胺的重结晶技术。

d. 搭建带分水功能的加热回流装置。

② 学生按照老师提出的任务，研读和分析表 1，组内讨论，组间交流，然后进行小组分工（组长组织讨论分工：PPT 制作人、PPT 讲解人、PPT 美化人、记录人、主要提问人及提问内容），认真填写**作品 1**-任务分工合作表。

③ 学生查阅参考资料，了解乙酰苯胺的性质、用途、制备原理、分离提纯方法等。画出相关装置图、乙酰苯胺的制备操作流程图（包含合成和重结晶）。学生小组内交流，每小组派 1～2 名代表进行 PPT 讲解演练（回答组员提出的模拟问题）。

【任务要求】

完成：**作品 1**-任务分工合作表、**作品 2**-方案 PPT。

作品 2-方案 PPT 制作主要内容，参照表 1。

表 1 乙酰苯胺合成与提纯的方案报告关键问题

序号	关键问题	备注
1	乙酰苯胺的熔点、沸点、分解温度、溶解度等理化性质及用途	列表
2	制备乙酰苯胺的合成原理，可能的副反应	写方程式
3	带分水功能的加热回流装置包含哪些仪器，请画出装置图，并标注仪器名称	画装置图
4	乙酰苯胺合成与提纯的流程图	方框-箭头图
5	乙酰苯胺重结晶的主要操作步骤和应用范围	
6	普通过滤、减压过滤、热过滤的区别和应用范围	对比图、表
7	乙酰苯胺的制备和提纯过程中主要观察和记录要点	拍摄或记录点
8	反应完全的判断标准和方法	3个方法
9	操作注意事项，个人感悟	
10	完成**作品 1**-任务分工合作表，简要说明任务完成情况	画表格对比

任务 2 方案汇报与评价

【任务目标】

知识目标 熟练掌握乙酰苯胺制备、提纯的原理、方法和流程；

技能目标 熟悉方案 PPT 内容，能熟练演讲 PPT，能全面准确地回答师生提出的问题；

价值目标 锻炼学生的演讲能力、思考能力和应变能力。

【实施过程】

① 各组安排评委和记录员各一人，评委对其他小组汇报进行评分，记录员记录讲解、提问、回答和点评情况。

② 各小组的汇报人进行方案 PPT 演讲，记录员进行记录，评委进行评分。

③ 讲解结束，进入交流互动环节，其他组同学提问，汇报组答辩。

④ 各组学生评委完成**作品 3**-方案 PPT 汇报互评表。

⑤ 老师点评、学生提问答辩，各组秘书完成**作品 4**-方案 PPT 汇报记录表。

任务 3 实验操作——乙酰苯胺的合成与提纯

【任务目标】

知识目标 学习乙酰苯胺的制备方法和提纯操作方法；

技能目标 掌握带分水器的回流装置、固体有机物重结晶提纯方法、减压过滤方法、热过滤方法；

价值目标 培养学生的实验操作能力、观察能力、分析问题、解决问题的能力，培养学生严谨的科学态度和自然科学素养。

【实施过程】

1. 合成乙酰苯胺

学生根据自己设计的方案开展实验，包括实验准备、称量药品、搭建反应装置、加热回流反应、记录反应现象、判断反应终点。

2. 重结晶纯化乙酰苯胺

粗产品转移、过滤和洗涤，重结晶（溶解、判断乙酰苯胺完全溶解、热过滤、缓慢冷却滤液、第二次过滤），固体产品干燥。

3. 乙酰苯胺的检测

测定乙酰苯胺产品的熔点（详见实验 7 或实验 8）或傅里叶红外光谱（FTIR）分析（详见肖秀婵等主编《工科化学实验Ⅰ：无机及分析化学实验》第 2 章实验 16）。

【方法提要】

1. 实验原理

（1）苯胺的乙酰化反应　胺的酰化在有机合成中有着重要的作用。作为一种保护措施，一级和二级芳胺在合成中通常被转化为它们的乙酰基衍生物以降低胺对氧化降解的敏感性，使其不被反应试剂（如氧气等氧化剂）破坏；同时氨基酰化后降低了氨基在亲电取代反应（特别是卤化）中的活化能力，使其由很强的第Ⅰ类定位基变为中等强度的第Ⅰ类定位基，使反应由多元取代变为有用的一元取代，由于乙酰基的空间位阻，往往选择性地生成对位取代物。

芳胺可用酰氯、酸酐或与冰乙酸加热来进行酰化，酸酐一般来说是比酰氯更好的酰化试剂，用游离胺与纯乙酸酐进行酰化时，常伴有 N,N-二乙酰苯胺副产物的生成。但如果在乙酸-乙酸钠的缓冲溶液中进行酰化，由于酸酐的水解速度比酰化速度慢得多，可以得到高纯度的产物。但这一方法不适合于硝基苯和其他碱性很弱的芳胺的酰化。另外，酸酐的价格较贵，所以一般选羧酸。本实验选用冰乙酸与苯胺进行胺的酰化反应，如图 1 所示。

本反应是可逆的，为提高反应平衡的转化率，加入了过量的冰乙酸，同时不断地把生成的水移出反应体系，从而使反应接近完全反应。为了让生成的水蒸馏出来，而又尽可能地减少沸点接近的乙酸被蒸馏出来，本实验采用较长的刺形分馏柱进行分馏和回流，让沸点略高的乙酸回流至反应混合液中。实验反应中加入少量的锌粉或锌粒，目的是防止反应过程中苯胺被氧化而快速变色。

乙酰苯胺的合成反应装置为带分水功能的分馏回流装置，如图 2。减压过滤（抽滤）装置见图 3。热过滤装置见图 4。

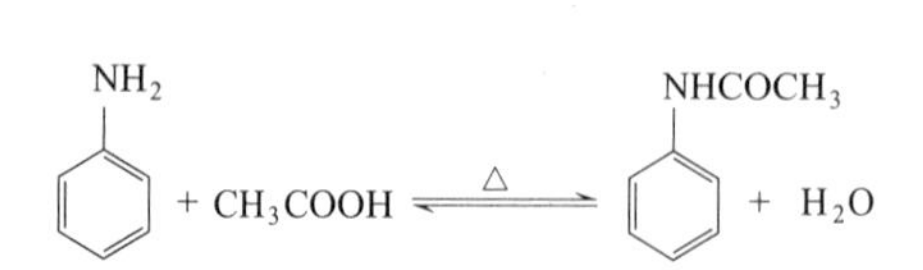

图 1　冰乙酸与苯胺进行胺的酰化反应

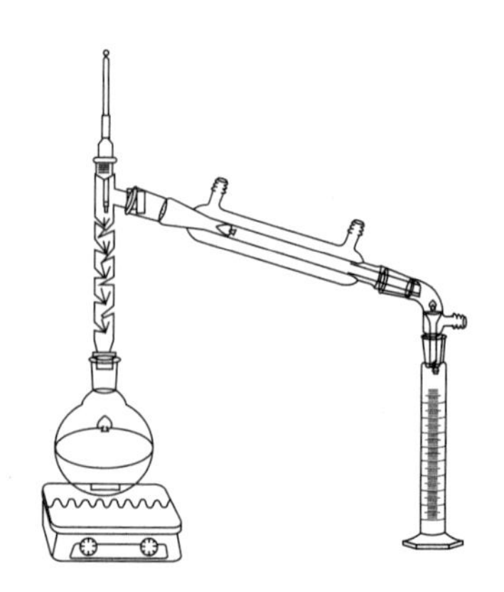

图 2　分馏回流装置

图 3 减压过滤装置

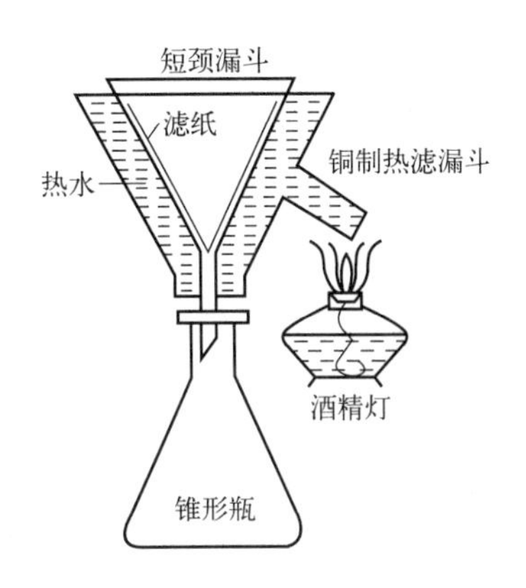

图 4 热过滤装置

（2）乙酰苯胺的重结晶 固体有机物在溶剂中的溶解度一般随温度的升高而增大。把固体有机物溶解在热的溶剂中使之饱和，冷却时由于溶解度降低，有机物又重新从溶液中析出晶体。利用溶剂对被提纯物质及杂质的溶解度不同，使被提纯物质从过饱和溶液中析出，让杂质全部或大部分留在溶液中，从而达到提纯的目的。

重结晶只适宜杂质含量在5%以下的固体有机混合物的提纯，从反应粗产物直接重结晶是不适宜的，必须先采取其他方法初步提纯，然后再重结晶提纯。

① 重结晶提纯的一般过程为：

a. 将不纯的固体有机物在溶剂的沸点或接近沸点的温度下溶解在溶剂中，制成接近饱和的浓溶液。若固体有机物的熔点较溶剂沸点低，则应制成在熔点温度以下的饱和溶液。

b. 若溶液含有色杂质，可加入活性炭煮沸脱色。

c. 过滤此热溶液以除去其中的不溶性物质及活性炭。

d. 将滤液冷却，使结晶从过饱和溶液中缓慢析出，而杂质仍然溶解在母液中。

e. 抽滤，从母液中将结晶分出，洗涤结晶以除去吸附的母液。所得的固体结晶，经干燥后测定其熔点，如发现其纯度不符合要求，则可重复上述重结晶操作直至熔点达标。

② 重结晶的关键是选择适宜的溶剂。合适的溶剂必须具备以下条件：

a. 不与被提纯物质发生化学反应。

b. 在较高温度时能溶解较多的被提纯物质，而在室温或更低温度时只能溶解少量。

c. 对杂质的溶解度非常大或非常小，前一种情况可让杂质留在母液中不随提纯物质一同析出，后一种情况是使杂质在热过滤时被滤去。

d. 溶剂易挥发，易与结晶分离除去，但沸点不宜过低。

e. 能给出较好的结晶。

f. 价格低、毒性小、易回收、操作安全。

当一种物质在一些溶剂中的溶解度太大，而在另一些溶剂中的溶解度又太小，同时又不能找到一种合适的溶剂时，常可使用混合溶剂而得到满意的结果。

2. 实验仪器

实验仪器清单见表2。

表 2 仪器清单

名称规格	数量	名称规格	数量
公用			
抽滤装置(水泵)	2 台	抽滤瓶	4 个
电子天平	2 台	熔点仪	2 台
傅里叶红外光谱仪	1 台	刻度移液管	2 支
烘箱	1 台	红外灯	1 盏
每小组用(每组一套)			
电加热套	1 台	铁架台	1 套
圆底烧瓶	1 个	升降台	1 个
刺形分馏柱	1 个	表面皿	1 个
分水器	1 支	100mL 烧杯	1 个
温度计(带套管)	1 个	50mL 小烧杯	1 个
锥形瓶(接收瓶)	1 个	布氏漏斗	1 个
玻璃棒	1 支	20mL 量筒	1 个
胶头滴管	1 支	玻璃废液缸(500mL 烧杯)	1 个
铜制热滤漏斗	1 个		

3. 实验药品

实验药品清单见表 3。

表 3 药品清单及理化性质

名称	纯度	分子量	用量或理论产量	熔点/℃	沸点/℃	密度/$g \cdot mL^{-1}$	水中溶解度/g
苯胺	分析纯	93.12	5mL(0.055mol)	−6.3	184	1.022	3.6(25℃)
冰乙酸	分析纯	60.05	8mL(0.13mol)	16.6	117.9	1.0492	
锌粉/锌粒	分析纯	65.37	0.1g/1～2 粒	419.5	908		
活性炭	工业纯	12.00	0.3g				
乙酰苯胺	—	131.00	7.4g	114.3 或 113～115	305		5.2(83.2℃)

4. 实验步骤（标注※为需要进行拍照记录的关键数据）

（1）合成　用移液管准确移取 5mL 苯胺※加入 100mL 圆底烧瓶中（思考：为什么需准确移取?），用小量筒加入 8mL 冰乙酸※，再加入 1～2 粒锌粒※（思考：锌粒的作用是什么?），“小火”加热※直至沸腾，保持微沸状态※（思考：为什么不能剧烈沸腾?），反应时间 35～60min，反应结束※（思考：判断反应是否结束，除了反应时间还有什么现象※可作为判断反应结束的依据?）。

趁热将反应物缓慢倒入※80mL 的冰水中，边倒边搅拌（若烧瓶中残留物太多，可加热后再倒），然后减压过滤※（思考：为什么需减压过滤?），得到细粒状固体即为粗乙酰苯胺※。

（2）分离精制　将粗乙酰苯胺加入到 85～90℃※的 100mL 蒸馏水※（思考：为什么不

将其沸腾?）中，并不断加热搅拌，使其完全溶解，并无油滴漂浮※（思考：漂浮油滴是什么物质?），此时溶液为近似饱和溶液，趁热用铜制热滤漏斗热过滤※（若漏斗中残余固体太多，可以用玻璃棒转移至烧杯中加热溶解后继续过滤），收集滤液为无色透明溶液※（思考：如果是有颜色的物质，怎么办?），随着滤液温度降低，烧杯底部出现片状晶体※即为纯乙酰苯胺，热过滤结束后，不得搅动滤液或移动烧杯，让其缓慢冷却至室温（思考：热过滤完毕是否可以直接放入冰水中冷却，为什么?），再将烧杯放入冰水中冷却 20min，此时乙酰苯胺几乎完全析出※。用普通漏斗过滤※（思考：为什么只需普通过滤就行?），随后将固体经 70～80℃烘箱烘干※，或红外灯下烘干※。用电子天平称量得到纯净乙酰苯胺质量 m_1 = ________ g※。

产物经洗涤、过滤等操作后，用重结晶的方法进行精制，乙酰苯胺重结晶常用的溶剂有甲苯、乙醇与水的混合溶剂和水等。本实验用水作重结晶的溶剂，其优点是价格便宜、操作简化、减少实验环境污染等，又将用活性炭脱色与重结晶两个操作结合在一起，进一步简化了分离纯化操作过程。

根据乙酰苯胺-水的相图可知乙酰苯胺在水中的溶解度与温度的关系如表 4。

表 4 乙酰苯胺在水中的溶解度与温度的关系

温度/℃	25	31	50	60	70	80	83.2	90	100
乙酰苯胺饱和浓度/%	0.52	0.63	1.25	2.0	3.2	4.5	5.2	5.8	6.5

乙酰苯胺在水中的含量为 5.2%时，重结晶效率好，乙酰苯胺重结晶产率最大。在体系中的含量稍低于 5.2%，加热到 83.2℃时不会出现油相，水相又接近饱和溶液，继续加热到 100℃，进行热过滤除去不溶性杂质和脱色用的活性炭，滤液冷却，乙酰苯胺开始结晶，继续冷却至室温（20℃），过滤得到的晶体乙酰苯胺纯度很高，可溶性杂质留在母液中。

本实验乙酰苯胺的理论产量为 7.4g（如何计算?），需 150mL 水才能配制含量为 5.2%的溶液，但每个同学的转化率不同，在前几步过滤、洗涤等操作中又有不同的损失，同学间的乙酰苯胺量会有很大差别，很难估计用水量。一个经验的办法是按操作步骤给出的产量 5g，估计需水量为 100mL，加热至 83.2℃，如果有油珠，补加热水，直至油珠溶完为止。个别同学加水过量，可蒸发部分水，直至出现油珠，再补加少量水即可。

5. 实验现象及数据记录、产量计算和纯度分析

① 以______的量计算产率。计算公式：

$$产率=实际产量\ m_1/理论产量\ m_0\times100\%。$$

② 测定熔点。熔点测定操作见实验 7 或实验 8。

实验数据记录表见表 5。

表 5 作品 5-实验过程数据记录表

苯胺体积/mL	冰乙酸体积/mL	锌粉或锌粒的量	分水馏出液体体积/mL	冰水体积/mL	热水体积/mL
计算基准物质	摩尔质量/g·mol^{-1}	物质的量/mol	理论产量 m_0/g	实际产量 m_1/g	

续表

产率(收率)/%	
熔点测定	乙酰苯胺的熔点(熔程)为__________℃，与理论熔点相差__________℃ 分析其纯度：纯度极高□；纯度较低□ 熔点偏低，分析其原因：____________________

任务4　总结汇报与评价

【任务目标】

知识目标　学会实验总结方法，制作总结PPT，学会对实验结果进行分析与讨论；

技能目标　能熟练进行总结PPT制作和演讲，能全面准确地回答师生提出的问题，提高学生演讲能力；

价值目标　通过PPT演讲和互动交流讨论，提高学生语言表达能力和思维应变能力，提高小组的集体荣誉感。

【实施过程】

老师提出实验总结、评价和知识拓展要求→学生根据实验过程记录（过程照片）制作总结PPT→总结PPT演讲→进行预答辩并录制视频→提交给老师检查→学生修改→总结PPT演讲和交流讨论→老师点评→学生修改PPT并提交。

【任务要求】

① 分工制作总结PPT（**作品6**），制作要求见表6。

② 组织小组组内预汇报练习，并录音或录制视频，发给老师指导。

③ 按老师建议，修改总结PPT。

④ 进行演讲和答辩：各组安排评委1人、记录员1人，评委对其他小组汇报进行评分，秘书（记录员）记录本组讲解、提问、回答和点评情况。

⑤ 各小组的汇报人进行方案PPT演讲，记录员进行记录，评委进行评分。

⑥ 讲解结束，进入交流互动环节，其他组同学提问，讲解人和本组成员进行答辩。

⑦ 各组学生评委完成**作品7**-总结PPT汇报互评表。

⑧ 老师点评、提问交流，各组秘书完成**作品8**-总结PPT汇报记录表。

⑨ 根据小组成员参与的贡献，完成**作品9**-个人贡献自评表（角色担任评分表）。

⑩ 完成**作品10**-项目小组得分表。

⑪ 完成**作品11**-课程总评成绩统计表。

表6　总结报告主要内容

序号	总结PPT报告要求	备注
1	制备乙酰苯胺的基本原理	写方程式
2	带分水功能的加热回流装置照片	画装置图
3	乙酰苯胺粗产品的分离提纯(减压过滤、热过滤、重结晶、普通过滤、干燥)实验操作过程照片	画装置图

续表

序号	总结PPT报告要求	备注
4	乙酰苯胺合成与提纯的操作流程图	方框-箭头图
5	实验原始记录和数据分析图片表5(**作品5**)	照片
6	主要观察和记录要点	拍摄或记录点
7	反应完全终止的现象	3个方法
8	实验现象和结果分析与讨论	作品5
9	实验操作过程的注意要点总结，个人实验感悟和收获	对比表
10	完成**作品9**-个人贡献自评表	

【注意事项】

① 反应所用玻璃仪器必须干燥，避免带入水。

② 久置的苯胺因为氧化而颜色较深，最好使用新蒸馏过的苯胺。

③ 冰乙酸在室温较低时凝结成冰状固体（凝固点16.6℃），可将试剂瓶置于热水浴中加热熔化后量取。

④ 锌粉的作用是防止苯胺氧化，只要少量即可，也可以用新的锌粒。加得过多，会出现不溶于水的氢氧化锌。

⑤ 反应时间大于30min，同时反应瓶口出现白雾，分馏柱柱顶（柱顶温度计）温度下降，三个现象同时出现，反应才结束，否则反应可能不完全而影响产率。

【思考题】

① 测定熔点时，判断始熔的现象是什么？判断全熔的现象是什么？

② 本实验重结晶时，抽滤中布氏漏斗中的晶体应使用什么溶液进行洗涤？

③ 重结晶趁热过滤时应该选用什么漏斗？为什么？

④ 重结晶的作用是什么？本实验中重结晶要经过哪些步骤？

⑤ 何种操作可以检验重结晶后的产品纯度？

⑥ 分馏的原理是什么？分馏柱为什么要保温？

⑦ 什么叫熔程？纯物质的熔点和不纯物质的熔点有何区别？

实验27 茶叶中提取咖啡因——天然产物的提取

任务1 接受任务、设计方案

【任务目标】

知识目标 理解目标任务，熟悉咖啡因的提取原理、制备流程和提纯方法；

技能目标 掌握方案PPT制作方法和美化技巧，小组能合理进行分工、顺利完成方案报告；

价值目标 培养学生分析问题、方案设计和科学思维能力，提高学生分工合作能力，培养团队合作精神。

【实施过程】

① 老师提出茶叶中提取咖啡因的学习目标任务（表1）→提供资讯素材或参考资料目

录→学生查阅资料→小组讨论与交流→完成方案 PPT→美化 PPT→组内讲解演练→模拟提问答辩→录制视频→提交老师指导→提出修改建议→小组完成 PPT 修改直至合格，准备任务 2 的方案 PPT 汇报和答辩。

预备知识链接：

a. 咖啡因的分子结构、理化性质和用途。

b. 实验室提取咖啡因的原理和方法。

c. 咖啡因的升华提纯方法。

d. 搭建索氏提取装置、蒸馏装置、焙炒装置、升华装置。

② 学生按照老师提出的任务，研读和分析表 1，组内讨论，组间交流，然后进行小组分工（组长组织讨论分工：PPT 制作人、PPT 讲解人、PPT 美化人、记录人、主要提问人及提问内容），认真填写**作品 1**-任务分工合作表。

③ 学生查阅参考资料，了解咖啡因的性质、用途、制备原理、分离提纯方法等。画出相关装置图、咖啡因提取的操作流程图（包括提取、蒸馏、焙炒、升华）。学生小组内交流，每小组派 1～2 名代表进行 PPT 讲解演练和交流（回答组员提出的模拟问题）。

【任务要求】

完成：**作品 1**-任务分工合作表、**作品 2**-方案 PPT。

作品 2-方案 PPT 制作主要内容，参照表 1。

表 1　茶叶中提取咖啡因的方案报告关键问题

序号	关键问题	备注
1	咖啡因的分解温度、熔点、溶解度等理化性质及用途	列表
2	咖啡因的提取原理，提取过程可能存在的其他杂质物质	
3	请画出提取、蒸馏、焙炒、升华装置图，并标注仪器名称	画装置图
4	请画出咖啡因提取和纯化的操作流程图	方框-箭头图
5	写出咖啡因提取的主要操作步骤	
6	比较提取和萃取的区别和应用范围	对比表
7	画出咖啡因提取与纯化过程中的主要观察、记录要点表格	拍摄或记录点
8	写出提取结束的判断标准和方法	2 个方法
9	写出操作注意事项，个人实验感悟	
10	完成**作品 1**-任务分工合作表和**作品 2**-方案 PPT	提交老师

任务 2　方案汇报与评价

【任务目标】

知识目标　熟练掌握从茶叶中提取咖啡因的原理、提纯的方法和流程；

技能目标　熟悉方案 PPT 内容，能熟练演讲 PPT，能全面准确地回答师生提出的问题；

价值目标　锻炼学生的演讲能力、思考能力和应变能力。

【实施过程】

① 各组安排评委和记录员各一人，评委对其他小组汇报进行评分，记录员记录讲解、提问、回答和点评情况。

② 各小组的汇报人进行方案 PPT 演讲，记录员进行记录，评委进行评分。

③ 讲解结束，进入交流互动环节，其他组同学提问，汇报组答辩。

④ 各组学生评委完成**作品 3**-方案 PPT 汇报互评表。

⑤ 老师点评、学生提问答辩，各组秘书完成**作品 4**-方案 PPT 汇报记录表。

任务 3　实验操作——茶叶中提取咖啡因

【任务目标】

知识目标　深入理解咖啡因的索氏提取原理以及蒸馏、焙炒、升华纯化原理；

技能目标　掌握索氏提取实验方法以及蒸馏、焙炒、升华纯化方法；

价值目标　培养学生的实验观察能力，分析问题、解决问题的能力，培养学生严谨的科学态度和科学素养以及在实验过程中的应急处理能力。

【实施过程】

① 提取咖啡因：学生根据自己设计的提取方案开展实验，包括实验准备、称量药品、搭建索氏提取装置、加热回流、记录提取过程现象、判断提取结束终点。

② 蒸馏浓缩：将粗产品转移至蒸馏烧瓶，蒸馏出溶剂，浓缩咖啡因溶液，并回收溶剂。

③ 焙炒：将粗产品转移至蒸发皿，加热吸水剂氧化钙粉末，缓慢加热蒸发至干燥粉末。

④ 升华提纯：将盛装干燥粉末的蒸发皿改装为升华装置，加热蒸发，得到针状晶体，就是咖啡因晶体。

⑤ 分析咖啡因纯度：用透射法测定咖啡因产品的傅里叶红外光谱（FTIR）。

【方法提要】

1. 实验原理

咖啡因（caffeine，如图 1）存在于多种天然食物中，如茶、咖啡、瓜拉纳和可可。咖啡因是一种中枢神经系统（CNS）刺激物质，类属于生物碱。咖啡因具有多种功能，如提高身体能量水平、提升大脑灵敏度、提高神经兴奋性等。咖啡因可以抑制大脑中的腺苷受体，加速多巴胺能和胆碱能神经传递。此外，咖啡因还会影响环磷酸腺苷和前列腺素，具有轻微的利尿效果。它是使用最广泛的刺激物质，也是极受欢迎的运动补剂（成分）。

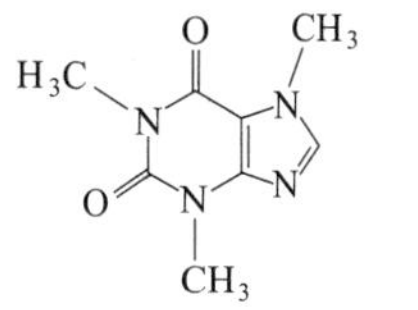

咖啡因易溶于氯仿、水及乙醇等，且易升华。从茶叶中提取咖啡因，是利用适当的溶剂（乙醇、氯仿、苯等）在索氏提取装置中连续抽取，浓缩即得粗咖啡因。进一步可利用升华法提纯。本实验利用乙醇提取咖啡因，再升华提纯。

图 1　咖啡因分子结构

2. 实验仪器

实验仪器清单见表 2。

表 2　仪器清单

名称规格	数量	名称规格	数量
公用			
电子天平	2 台	测温枪（25～400℃）	2 台
傅里叶红外光谱仪	1 台		

续表

名称规格	数量	名称规格	数量
每小组用（每组一套）			
电热套	1台	铁架台（铁夹）	2套
索氏提取装置（3件）	1套	玻璃棒	1支
圆底烧瓶	1个	烧杯 100mL	1个
蒸馏头	1支	坩埚钳或木夹	1把
温度计（带套管）	1个	普通漏斗	1个
锥形瓶 100mL	1个	量筒 100mL	1个
直形冷凝管	1支	大头针	1根
蒸发皿 150mL、100mL	各1支	玻璃废液缸（500mL烧杯）	1个
接馏管	1支	升降台	1个
沸石	2～3粒		

3. 实验药品

实验药品清单见表3。

表3 药品清单及理化性质

名称	规格	分子量	用量或理论产量	熔点/℃	沸点/℃	密度/g·mL^{-1}	水中溶解度
绿茶茶叶	市售	—	5～6g	—	—	—	—
氧化钙粉	分析纯	56	2～3g	—	—	1.0492	反应
乙醇	95%	60	100mL	—	79	0.81	互溶
咖啡因	—	194.2	80～50mg	234～236.5	—	1.23	易溶

4. 实验步骤（标注※为需要进行拍照记录的关键数据）

（1）加料、搭建提取装置　取5～6g茶叶 m_0=________g※，用滤纸（或纱布）包裹为圆柱形（自行制作滤纸筒），放入索氏提取器的直筒中下部，在圆底烧瓶内放入适量（2～3粒）沸石※，将60mL 95%的乙醇※从索氏提取器上方加入直筒内，向圆底（或平底）烧瓶内加入40mL 95%的乙醇※，搭建好提取装置※，如图2所示。

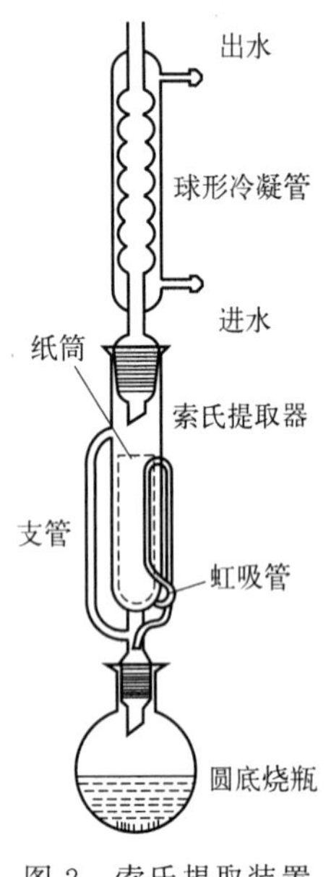

图2　索氏提取装置

观察现象：提取器内加入乙醇后，溶液为黄绿色※。圆底烧瓶内的乙醇为无色透明。

（2）加热提取　开始加热后，烧瓶内溶液沸腾※，溶液蒸气由支管进入冷凝管而被冷却，冷凝管下方逐渐有液体滴出※，记录开始回流的时间，回流液滴入提取器的直筒内直至第一次虹吸※。连续提取，自动虹吸5～8次（越多越好），随着提取次数增多，提取器内溶液颜色逐渐变浅，当第8次虹吸※完成后，提取器颜色变为黄绿色※，而圆底烧瓶内溶液变为墨绿色※时，停止加热（抽提1～2h）。

观察现象：回流液逐滴滴入索氏提取器的容器内※，其液面逐渐升高，当液面略高于虹吸管时※，出现虹吸现象※。第一次虹吸后，烧瓶内的溶液也变为黄绿色※，随着虹吸次数增多，索氏提取器中溶液的颜色逐渐变浅，圆底烧瓶内溶液颜色随着虹吸次数增多而变为墨绿（紫黑）色※，提取器内溶液颜色为草绿色※。

（3）蒸馏浓缩　待溶液冷却，将溶液转移至150mL的圆底烧瓶※内，补2～3粒沸石※，内改为普通蒸馏装置※（如图3）。重新加热，将烧瓶内的溶液蒸馏分离（加热沸腾※保持适当温度※，防止暴沸而导致溶液从蒸馏头喷出），待烧瓶内溶液剩10mL左右※，停止加热，回收蒸出的乙醇。

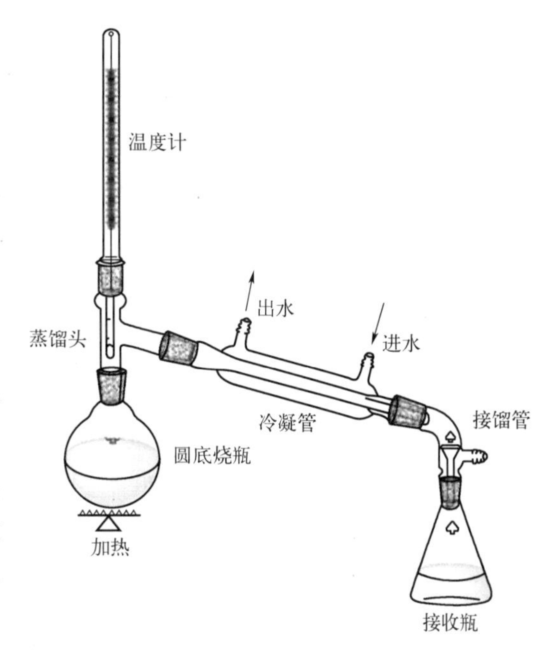

图3　普通蒸馏装置

观察现象：蒸馏时，烧瓶内的溶液沸腾※，接馏管内有无色透明液体滴入锥形瓶，滴速为______滴·min^{-1}，烧瓶内液体逐渐减少。

（4）蒸发浓缩　残留液趁热倒入小蒸发皿※中，并用蒸发出的少量（1～2mL）乙醇洗涤※烧瓶1次，洗涤液倒入蒸发皿，将小蒸发皿放到沙浴上加热（可将大蒸发皿中加入1/3体积的细沙，放到电热套上，将小蒸发皿放在细沙※上，用力旋转按压，再让细沙包围小蒸发皿），如图4所示。将2～3g生石灰※加入蒸发皿的浓溶液中，并搅拌均匀，“小火”加热蒸发至溶液黏稠※。

观察现象：浓缩液为墨绿色※，加入生石灰后，溶液变浑浊，液体的量变少。蒸发后的黏稠液体为墨绿色。

（5）焙炒　继续加热，把蒸发皿内的样品搅成糊状，沙浴“小火”缓慢加热（100℃±3℃※，也可放到蒸汽浴上加热），将样品炒成干粉状※（不断搅拌、压碎块状物）。焙炒温度不能太高，否则会升华或炭化咖啡因而导致实验失败。

观察现象：蒸发皿中固体成糊状※，随着加热焙炒，糊状物逐渐成颗粒状※，最后成墨绿色干粉※，空气中散发着茶叶香味。

（6）升华提纯　将粉末样品平铺于蒸发皿※（边缘用玻璃棒或金属药匙刮干净），蒸发皿上盖一张扎有许多细孔的滤纸※（毛刺面朝上），滤纸直径比蒸发皿口直径略小1～2mm，滤纸离粉末要有足够的距离，滤纸上罩一个颈部塞有棉花的玻璃漏斗※（漏斗口与小蒸发皿口大小一致），开始加热升华※，如图5所示。起初，漏斗壁若有少量水珠，需要快速换为一个干燥漏斗，擦干水珠后待用。当滤纸上有白色针状结晶※时，停止加热，稍等几分钟后，见滤纸颜色开始变黄，取下滤纸，用干净纸片刮下滤纸上面的咖啡因，收集后称量m_2=______mg※。

观察现象：起初漏斗壁______（有/无）水珠※，随后看到漏斗内有团状白雾※，其后滤纸上逐渐有针状晶体※，滤纸逐渐变黄，取出滤纸后，蒸发皿中为黑色固体※。

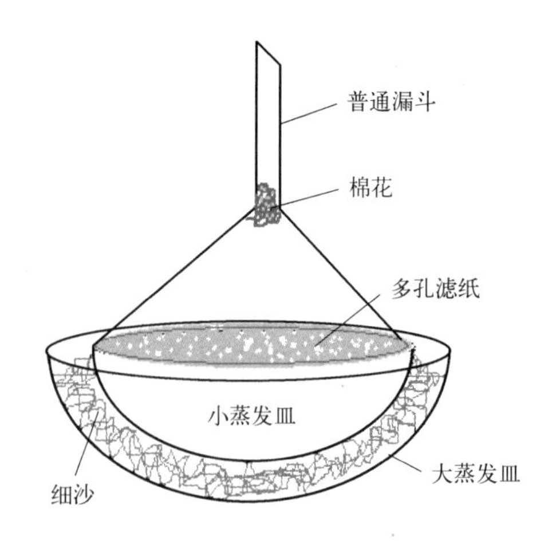

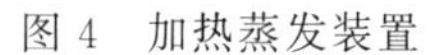
图 4 加热蒸发装置

图 5 升华装置

5. 咖啡因红外光谱分析

KBr 压片法测定咖啡因产品的傅里叶红外光谱（FTIR），操作方法见肖秀婵等主编《工科化学实验Ⅰ：无机及分析化学实验》（化学工业出版社，2022）实验 16。咖啡因的 FTIR 图参考图 6。

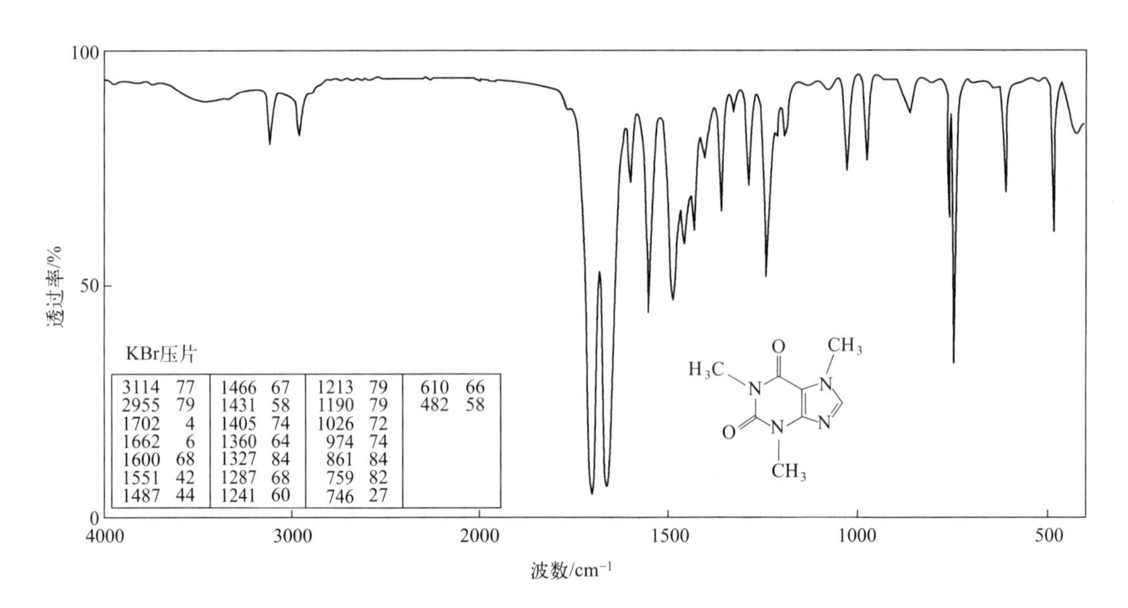

图 6 咖啡因红外光谱图

6. 实验现象及数据记录、计算、分析

实验现象及数据记录表见表 4。

表 4 作品 5-实验过程数据记录表

操作流程	实验现象及数据记录
加料、搭建提取装置	茶叶 m_0=________g；沸石______粒；提取器圆筒加入________mL 乙醇；烧瓶内加入________mL 乙醇 现象：提取器内加入乙醇后，溶液为________色；圆底烧瓶内的乙醇为____________

续表

<table>
<tr><td>操作流程</td><td colspan="4">实验现象及数据记录</td></tr>
<tr><td>加热提取</td><td colspan="4">____点____分开始加热，______min后溶液沸腾，又______min后回流管开始有液体滴下，又______min后第一次虹吸，烧瓶溶液为________色，又______min后第二次虹吸，又______min后第三次虹吸，又______min后第四次虹吸，又______min后第五次虹吸，又______min后第六次虹吸，又______min后第七次虹吸，又______min后第八次虹吸，提取器圆筒内溶液为________色，提取回流共________min，停止加热时烧瓶内溶液颜色变为________色</td></tr>
<tr><td>蒸馏浓缩</td><td colspan="4">补加沸石______粒，________点________分开始加热，______min后溶液沸腾，沸腾时温度为______℃，滴速为______滴·min^{-1}，接收瓶的溶液为________色，______min后烧瓶内剩余溶液约10mL，停止加热，回收蒸出的乙醇______mL</td></tr>
<tr><td>蒸发</td><td colspan="4">用______mL乙醇洗涤烧瓶1次；______g生石灰加入蒸发皿的溶液中，溶液为________色；蒸发时沙浴温度为______℃，蒸发最后的黏稠液体为________色</td></tr>
<tr><td>焙炒</td><td colspan="4">蒸发皿内的样品搅成糊状，继续沙浴"小火"加热温度为______℃。最后固体为______色干粉，空气中散发着______味</td></tr>
<tr><td>升华</td><td colspan="4">______点______分开始加热升华，加热______min后发现漏斗内壁有水珠，此时温度为______℃；又______min后发现滤纸表面有________色________状晶体，又______min后发现滤纸略微变黄，停止加热，余热继续升华。取出滤纸后，蒸发皿中为________色固体。称量收集咖啡因 m_2=______mg</td></tr>
<tr><td>咖啡因FTIR分析</td><td colspan="4">特征峰为：</td></tr>
<tr><td>咖啡因理论产量 m_1</td><td>纸的质量 m'</td><td>纸+产品总质量 m''</td><td>产品质量 m_2</td><td>产率</td></tr>
<tr><td>______mg</td><td>______mg</td><td>______mg</td><td>______g</td><td>______%</td></tr>
</table>

任务4 总结汇报与评价

【任务目标】

知识目标 学会天然产物提取实验的总结方法，学会对实验结果进行分析与讨论；

技能目标 能熟练进行总结PPT的制作和演讲，能全面准确地回答师生提出的问题，提高学生演讲能力；

价值目标 通过PPT演讲和互动交流讨论，提高学生语言表达和思维应变能力，提高集体荣誉感，促进凝聚力的形成。

【实施过程】

老师提出实验总结、评价和知识拓展要求→学生根据实验过程记录（过程照片）制作总结PPT→总结PPT演讲→进行预答辩并录制视频→提交给老师检查→学生修改→总结PPT演讲和交流讨论→老师点评→学生修改PPT并提交。

【任务要求】

① 分工制作总结PPT(**作品6**)，制作要求见表5。

② 组织小组内进行预汇报练习，并录音或录制视频，发给老师指导。

③ 按老师建议，修改总结PPT。

④ 进行演讲和答辩：各组安排评委1人、记录员1人，评委对其他小组汇报进行评分，秘书（记录员）记录本组讲解、提问、回答和点评情况。

⑤ 各小组的汇报人进行方案 PPT 演讲，记录员进行记录，评委进行评分。

⑥ 讲解结束，进入交流互动环节，其他组同学提问，讲解人和本组成员进行答辩。

⑦ 各组学生评委完成**作品 7**-总结 PPT 汇报互评表。

⑧ 老师点评、提问交流，各组秘书完成**作品 8**-总结 PPT 汇报记录表。

⑨ 根据小组参与的贡献，完成**作品 9**-个人贡献自评表（角色担任评分表）。

⑩ 完成**作品 10**-项目小组得分表。

⑪ 完成**作品 11**-课程总评成绩统计表。

表 5　总结报告主要内容

序号	总结 PPT 报告要求	备注
1	提取咖啡因的基本原理	咖啡因结构式
2	索氏提取、蒸馏、焙炒、升华装置照片	装置图
3	咖啡因提取纯化实验操作过程照片（称量、包装、提取、蒸馏、蒸发、焙炒、升华、产品品质和称量质量）	图片
4	提取与纯化的操作流程图（含数据和现象描述及图片）	方框-箭头图
5	实验原始记录和数据分析图片表 4（**作品 5**）。	照片
6	观察和记录图片	拍摄或记录点
7	实验问题、结果分析与讨论、误差分析	作品 5
8	实验操作过程的注意事项总结，个人心得和收获	对比表
9	完成**作品 9**-个人贡献自评表	

【注意事项】

① 制作滤纸筒的方法：取正方形脱脂滤纸一张，卷成圆筒状，其直径略小于抽提筒内径，底部折起而封闭（必要时可用线扎紧），装入样品，上口盖脱脂棉或手巾纸，以保证回流液均匀地浸透被萃取物。用滤纸包茶叶时要严实，防止茶叶末漏出堵塞虹吸管；滤纸筒大小要合适，既能紧贴套管内壁，又能方便取放，且其高度不能超出虹吸管高度。

② 包裹茶叶的滤纸筒的直径要略小于抽提筒的内径，其高度要超过虹吸管，但是茶叶不得高于虹吸管，以防茶叶末堵塞虹吸管。

③ 提取过程中，生石灰起中和吸水的作用，生成的氢氧化钙使粉末化合物为强碱性，因为咖啡显弱碱性，在强碱性环境中更有利于弱碱性物质升华而分离。

④ 索氏提取装置（又称脂肪提取装置）是利用溶剂回流和虹吸原理，使固体物质连续不断地为纯溶剂所萃取的仪器。溶剂沸腾时，其蒸气通过侧管上升，被冷凝管冷凝成液体，滴入套筒中，浸润固体物质，使之溶于溶剂中，当套筒内溶剂液面超过虹吸管的最高处时，即发生虹吸，流入烧瓶中。通过反复的回流和虹吸，从而将固体物质富集在烧瓶中。索氏提取装置为配套仪器，包括圆底烧瓶、提取器和球形冷凝管三件套，其任一部件损坏将会导致整套仪器的报废，特别是虹吸管极易折断，所以在安装仪器和实验过程中须特别小心。

⑤ 升华操作时，若粉末中残留少量水分等溶剂，升华开始时，将产生一些水珠凝结在漏斗内壁而污染漏斗和产品，如不及时更换干燥漏斗，会导致咖啡因因溶解于液滴中而无法

结晶，致使无法得到产品，整个实验失败。

【思考题】

① 升华装置中，为什么要在蒸发皿上覆盖刺有许多小孔的滤纸？漏斗颈为什么塞棉花？

② 升华操作过程中，应注意什么？为什么必须严格控制温度？

③ 本实验进行升华操作时的注意事项有哪些？

④ 加入生石灰的作用有哪些？

⑤ 提高咖啡因的产率有哪些关键措施？

⑥除了升华提纯咖啡因外，还可以用何方法提取咖啡因？

第5章

常见物理常数的测定

实验28　液体饱和蒸气压的测定

【实验引入】

饱和蒸气压是物质的基础热力学数据，它不仅在化学、化工领域，还在无线电、电子、冶金、医药、环境工程乃至航空航天领域都具有重要的地位，是工程计算中必不可少的数据。

测定饱和蒸气压的方法主要有以下几种。

① 静态法：静态法是测定蒸气压最基本的方法，直接测定与液体相平衡的蒸气的压力，主要适用于高压和常压，也适用于0.1～3.0kPa的压力。静态法的实验装置主要有恒温与测温系统、真空系统和测压系统、等压管等部分。静态法形式多样，近年来国内对此方法所做的改进和研究也较多。

② 动态法：液体沸腾时的饱和蒸气压与外界压力相等，若测出液体在不同压力下的沸点，也就测出了它在不同温度下的蒸气压。动态法的实验装置主要有真空系统、测压系统(等压管或者烧瓶)、改变外压系统。动态法的测压范围多为常压以下，此法的优点是仪器简单，安装方便，测量简单、迅速。

③ 饱和气流法：饱和气流法多用于蒸气压较低的化合物的蒸气压测定，特别适合于测定饱和蒸气压低于10^{-3}～1Pa的有机化合物。测量原理是以合适的载气通入溶液中，使载气被所测溶液的蒸气饱和，然后测定气相的温度及该温度下气体的组成，根据道尔顿分压定律算出所测溶液的蒸气压。

此外，还有拟静态法、Knudsen隙透法、蒸发率法、雷德法、参比法等，现代蒸气压测量法还有色谱法、热重分析法、差示扫描量热法。

综上所述，静态法多用于常压或高压，动态法则多用于低压，国外较多使用仪器分析的方法。

本文中采用的是静态法。

【实验目标】

知识目标 明确液体饱和蒸气压的定义，熟悉纯液体饱和蒸气压与温度的关系，即克劳修斯-克拉贝龙方程；

技能目标 了解静态法测定乙醇在不同温度下蒸气压的方法，掌握真空泵、恒温槽及等压管的使用方法，学会用图解法求乙醇所测实验温度范围内的平均摩尔蒸发焓；

价值目标 培养严谨、科学的学习态度和敏锐的洞察力。

【实验原理】

1. 热力学原理

在远低于临界温度下，处于密闭的真空容器中的液体，一些动能较大的液体分子可从液相进入气相，而动能较小的蒸气分子因碰撞而凝结成液相。当这两个过程的速度相等时，气液两相建立动态平衡，此时液面上的蒸气压就是该温度下该液体的饱和蒸气压，简称为蒸气压。蒸发 1mol 液体所吸收的热量称为该温度下该液体的摩尔蒸发焓，用 $\Delta_{vap}H_m$ 表示。

纯液体的蒸气压随温度的变化而改变，当温度升高时，分子运动加剧，更多的高动能分子由液相进入气相，因而蒸气压增大；反之，温度降低，则蒸气压减小。当蒸气压等于外界压力时，液体便沸腾，此时温度称为沸点，所以，外压不同时，液体的沸点也不同，当外压为 101.325kPa 时，液体的沸点称为该液体的正常沸点。

液体的饱和蒸气压与温度的关系用克劳修斯-克拉贝龙方程式表示：

$$\frac{d\ln(p)}{dT}=\frac{\Delta_{vap}H_m}{RT^2} \tag{1}$$

式中，p 为饱和蒸气压，Pa；R 为摩尔气体常数；T 为热力学温度；$\Delta_{vap}H_m$ 为在温度 T 时纯液体的摩尔蒸发焓。

若在实验温度范围内将 $\Delta_{vap}H_m$ 视为常数，对上式积分得：

$$\ln(p)=-\frac{\Delta_{vap}H_m}{RT}+C \tag{2}$$

式中，C 为积分常数。

由此式可以看出，以 $\ln(p)$ 对 $1/T$ 作图，得一直线，直线的斜率为 $-\Delta_{vap}H_m/R$，由斜率可求算液体的 $\Delta_{vap}H_m$。

2. 实验方法

静态法是将待测物质放在一个密闭的系统中，在不同温度下直接测量其饱和蒸气压。通常是用等压管（又称等位计或平衡管）进行测定。

等压管由一个球管与一个 U 形管连接而成（图 1）。待测液体置于球管 A 内，U 形管中也放置待测液体。

将等压管和抽气系统（真空泵）、精密数字压力计相连，连接方式如图 1 所示。在一定温度下，当 U 形管中的液面在同一水平时（B、C 处），表明 U 形管两臂液面上方的压力相等，即 AB 段的蒸气压与 C 到精密数字压力计的压力相等。记下此时的温度和压力，则压力计的数值就是该温度下液体的饱和蒸气压，或者说，所测温度就是该压力下的沸点。可见利用等压管可以获得并保持系统中为纯试样时的饱和蒸气压。U 形管中的液体还起到液封和平衡指示作用。

静态法常用于挥发性液体饱和蒸气压的测量，也可用于固体加热时平衡压力的测量。

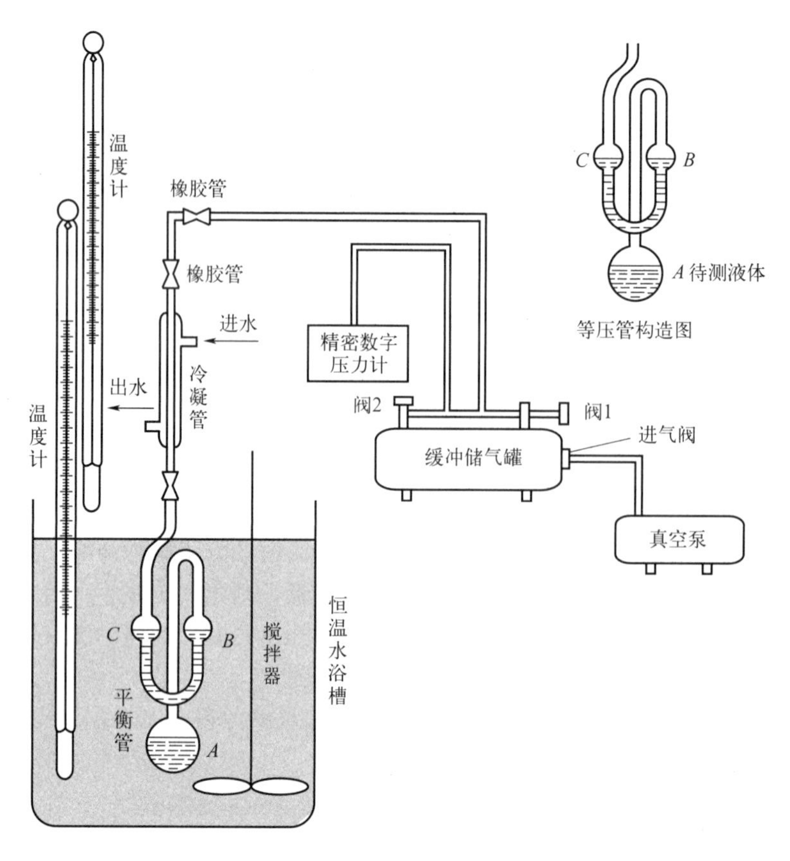

图1　液体饱和蒸气压测定装置图

【仪器及药品】

仪器：恒温水浴槽、等压管、冷凝管、真空泵、缓冲储气罐、精密数字压力计。

药品：无水乙醇。

【实验步骤】

① 安装仪器。将待测液体（无水乙醇）装入等压管，A球内约占2/3体积，此时U形管内不能有液体。再按图1连接各部分。

② 抽真空、系统漏气检测。如图1所示，将进气阀（连接真空泵）、阀2（连接缓冲储气罐和精密数字压力计）打开，阀1（连接大气）关闭。（三阀均为顺时针关闭，逆时针开启。）开动真空泵，抽气减压至压力计显示压差为－85kPa时，关闭进气阀和阀2，使系统与真空、大气皆不相通。观察压力计的示数，如果压力计的示数能在3～5min内维持不变，则表明系统不漏气；否则应逐段检查，排查漏气原因。

③ 排除AB弯管空间内的空气和形成液封。读出当日大气压力。打开阀1，将系统接通大气，接通冷凝水，恒温槽温度调至30℃，打开真空泵，抽气减压至压力计显示压差为－85kPa，使液体轻微沸腾，此时AB弯管内的空气不断随蒸气经C管溢出，如此沸腾3～5min，可认为空气被排除干净，停止加热，关闭阀1。

此过程同时有部分待测液从A球溢出，到冷凝管处被冷凝，并在BC管中形成液封。

④ 乙醇饱和蒸气压的测定。排除空气后，开始测定乙醇的饱和蒸气压。开阀 2 和进气阀，抽真空至－85kPa，等压管中液体沸腾后，关阀 2，开阀 1 缓慢放气，至 U 形管液面平后，迅速读数，精确至小数点后两位（0.01kPa）。关阀 1，开阀 2 和进气阀，再次抽真空至－85kPa，等压管中液面再次沸腾，重复以上步骤，两次读数必须小于 0.05kPa。关阀 2，开阀 1，降低真空度至 50kPa，关阀 1，升温至 35℃，温度稳定后重复上述步骤，同法测定 40℃、45℃、50℃、55℃时乙醇的蒸气压，总共测定六组数据。

⑤ 实验完后，缓缓打开放空阀至大气压止，关闭真空泵，在精密数字压力计上读取当时的室温和大气压，并记录。

【实验数据记录】

请将实验数据记录于表 1 中。

表 1 实验数据记录表

被测液体______ 室温______℃ 大气压______ kPa					
恒温水浴槽温度		$1/T$	压力计读数	液体的饱和蒸气压	$\ln p$
t/℃	T/K		Δp/kPa	$(\Delta p + p_{大气})$/kPa	
30					
35					
40					
45					
50					
55					

将 $\ln p$ 作为 y 轴，$1/T$ 作为 x 轴，绘制出函数关系图，通过斜率求待测液体的摩尔蒸发焓 $\Delta_{vap}H_m$。

【注意事项】

① 整个实验过程中，应保持等压计样品球液面上空的空气排净。

② 抽气的速度要合适。必须防止等压计内液体沸腾过剧，致使 U 形管内液封被抽尽。

③ 蒸气压与温度有关，所以测定过程中恒温槽的温度波动需控制在±0.1℃。

④ 实验过程中需防止 U 形管内液体倒灌入样品球内，带入空气，使实验数据偏大。

⑤ 实验结束时，必须将体系放空，使系统内保持常压，关掉缓冲罐上抽真空开关及所有电源开关和冷却水。

【思考题】

① 为什么 AB 弯管中的空气要干净？怎样操作？怎样防止空气倒灌？

② 本实验方法能否用于测定溶液的饱和蒸气压？为什么？

③ 为什么实验完毕以后必须使系统和真空泵与大气相通才能关闭真空泵？

④ 如果用升温法测定乙醇的饱和蒸气压，用该实验装置是否可行？若可行，如何操作？

⑤ 将所测摩尔蒸发焓与文献值相比较，结果如何？

⑥ 产生误差的原因有哪些？

实验 29 最大气泡压力法测定溶液的表面张力

【实验引入】

表面张力是液体的基本物化性质之一，是研究有关表面现象和表面活性剂性能的重要参数。液体表面张力的测定方法分静力学法和动力学法。

静力学法有毛细管上升法、duNoüy 环法（又称铂金环法或吊环法）、Wilhelmy 吊片法（又称铂金片法）、旋滴法、悬滴法、滴体积法、最大气泡压力法；动力学法有振荡射流法、毛细管波法等。动力学法本身较复杂，测定精度不高，数据采集与处理手段都不够先进。因此，实际应用中多采用静力学测定方法。

目前实验室及物理化学教科书中，通常采用的测定方法为最大气泡压力法。最大气泡压力法是由 Simon 于 1851 年提出的方法，后来由 Canter、Jaeger 分别从理论和实用角度加以发展。这种方法设备简单，操作方便，不需要完全湿润，它既是相对的方法，也是绝对的方法。可以测量静态和动态的表面张力，测量的有效时间范围大，温度范围宽。但这种方法也有很多局限性：

① 气泡不断生成可能会扰动液面平衡，改变液体表面温度，因此不易控制气泡形成速度。

② 要求在气泡逸出瞬间读取气泡的最大压力，因此该值很难准确读取。

③ 毛细管的半径不易准确测定。

④ 最大压差为大气压与系统压力的差值，因此，当室内气流流动时，会造成大气压的变化，使实验测得的数据产生误差。

⑤ 为了消除溶液静压对测定结果的影响，测定时要求测量的毛细管插入液体中的深度为 0，但要调整毛细管尖端与被测液面相切有一定的难度。

因此，在进行该实验时，需要学生对一些事项加以注意。

【实验目标】

知识目标 掌握最大气泡压力法测定溶液表面张力的原理，通过对不同浓度正丁醇溶液表面张力的测定，加深对表面张力、表面自由能和表面吸附量的理解；

技能目标 学会最大气泡压力法测定溶液表面张力的操作方法；

价值目标 培养透过实验现象看本质的求是精神。

【实验原理】

在一定温度下纯液体的表面张力为定值，当加入溶质形成溶液时，表面张力发生变化，其变化的大小取决于溶质的性质和加入量的多少。根据能量最低原理，溶质能降低溶剂的表面张力时，表面层溶质的浓度比溶液内部大；反之，溶质使溶剂的表面张力升高时，它在表面层中的浓度比在内部的浓度低，这种表面浓度与内部浓度不同的现象叫作溶液的表面吸附。在指定的温度和压力下，溶质的吸附量与溶液的表面张力及溶液的浓度之间的关系遵循吉布斯吸附等温式。吸附方程为：

$$\Gamma = -\frac{c}{RT}\left(\frac{\mathrm{d}\gamma}{\mathrm{d}c}\right)_T \tag{1}$$

式中，Γ 为溶质在表层的吸附量，$\mathrm{mol\cdot m^{-2}}$；γ 为表面张力；c 为溶质的浓度。若

$(d\gamma/dc)_T<0$，则 $\Gamma>0$，此时表面层溶质浓度大于本体溶液，称为正吸附。引起溶剂表面张力显著降低的物质叫表面活性剂。若 $(d\gamma/dc)_T>0$，则 $\Gamma<0$，此时表面层溶质浓度小于本体溶液，称为负吸附。

通过实验测得表面张力与溶质浓度的关系，作出 γ-c 曲线，并在此曲线上任取若干点作曲线的切线，这些切线的斜率就是与其相应浓度的 $(d\gamma/dc)_T$，将此值代入吸附方程式，便可求出在此浓度时的溶质吸附量 Γ。吉布斯吸附等温式应用范围很广，但上述形式仅适用于稀溶液。

最大气泡压力法测表面张力原理：测定溶液的表面张力有多种方法，较为常用的有最大气泡压力法，其测量方法基本原理可参见图 1。

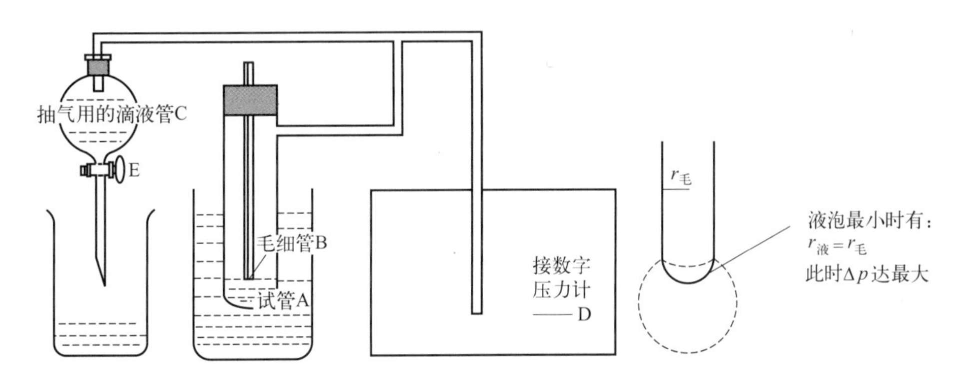

图 1　最大气泡压力法测液体表面张力装置

图 1 中 B 是管端为毛细管的玻璃管，与待测液面相切。毛细管与大气相通，气压为 p_0。试管 A 内气压为 p，当打开活塞 E 时，C 中的水流出，体系压力 p 将逐渐减小，逐渐把毛细管液面压至管口，形成气泡。在形成气泡的过程中，液面半径经历大→小→大的过程，即中间有一极小值 $r_{min}=r_毛$，此时气泡的曲率半径最小，根据拉普拉斯公式，气泡承受的弯曲液面产生的压力差也最大，有公式：

$$\Delta p=p_0-p=2\gamma/r \tag{2}$$

此压力差可由压力计 D 读出，故待测液的表面张力为：

$$\gamma=r\times\Delta p/2 \tag{3}$$

若用同一支毛细管测两种不同液体，其表面张力分别为 γ_1、γ_2，压力计测得压力差分别为 Δp_1 和 Δp_2。

则：
$$\gamma_1/\gamma_2=\Delta p_1/\Delta p_2$$

若其中一种液体的 γ_1 已知，例如纯水，则另一种液体的表面张力可由上式求得。即：

$$\gamma_2=(\gamma_1/\Delta p_1)\times\Delta p_2=K\times\Delta p_2 \tag{4}$$

式中，$K=\gamma_1/\Delta p_1$，称为仪器常数，可用某种已知表面张力的液体（常用蒸馏水）测得。

【仪器及药品】

仪器：最大气泡压力法表面张力仪、精密数字压力计、吸耳球、移液管（各种量程）、容量瓶（50mL）。

药品：正丁醇（分析纯）、蒸馏水。

【实验步骤】

1. 仪器准备与检漏

将洁净的表面张力仪各部分连接好。

将自来水注入抽气管C中；在试管A中注入约50mL蒸馏水，使毛细管下端较深地浸入到水中；打开活塞E，这时抽气管C中水流出，使体系内的压力降低（注意：勿降低到使毛细管口冒泡），当压力计指示出若干压力差时，关闭活塞E，停止抽气。若2～3min内，压力计指示压力差基本不变，则说明体系不漏气，可以进行实验。

2. 仪器常数 K 的测量

调节毛细管或液面高度，使毛细管口与水面相切。打开活塞E抽气，调节抽气速度，使气泡由毛细管尖端成单泡逸出，且每个气泡形成的时间为6～10s。若形成时间太短，则吸附平衡来不及在气泡表面建立起来，测得的表面张力也不能反映该浓度真正的表面张力值。在形成气泡的过程中，液面曲率半径变化经历大→小→大，同时压力差计指示值的绝对值变化则经历小→大→小的过程，记录下绝对值最大的压力差，共三次，取其平均值。查出实验温度时水的表面张力 γ_1，则可以计算仪器常数 K。

3. 系列浓度正丁醇水溶液表面张力的测定

配制50mL浓度为0.05mol·L^{-1}、0.10mol·L^{-1}、0.15mol·L^{-1}、0.20mol·L^{-1}、0.25mol·L^{-1}、0.30mol·L^{-1}的系列正丁醇溶液，与测仪器常数相同的方法，按由稀到浓的顺序测定各溶液最大压力差，求出各溶液的表面张力 γ。

测定管每次应用待测液至少淌洗一次。

测量时应确保气泡是单个出现，否则数据不稳定。

【实验数据记录】

① 查出在实验温度下水的表面张力，计算仪器常数 K：

实验温度：______℃；水的表面张力______；仪器常数 K ________。

② 计算系列正丁醇溶液的表面张力，根据计算结果，绘制 γ-c 等温线。

③ 由 γ-c 等温线用软件拟合得到 $(d\gamma/dc)_T$，求 $(d\gamma/dc)_T$，并求出 Γ，绘制 Γ-c 吸附等温线。

记录并处理实验数据于表1中

表1 实验数据记录及处理

溶液浓度 /mol·L^{-1}	压力差 Δp/kPa				$\gamma\times10^{-3}$/N·m^{-1}	$(d\gamma/dc)_T$	$\Gamma\times10^{-6}$/mol·m^{-2}
	1	2	3	平均值			
0							
0.05							
0.10							
0.15							
0.20							
0.25							
0.30							

【注意事项】

① 所用毛细管必须干净、干燥，应保持垂直，其管口刚好与液面相切，不能离开液面，但亦不可深插，从毛细管口脱出气泡每次应为一个，即间断脱出。

②读取压力计的压差时，应取气泡单个逸出时的最大压力差。

【思考题】

① 毛细管尖端为何必须调节得恰与液面相切？如果毛细管端口插入液面有一定深度，对实验数据有何影响？

② 最大气泡压力法测定表面张力时为什么要读最大压力差？如果气泡逸出很快，或几个气泡一起逸出，对实验结果有无影响？

③ 本实验为何要测定仪器常数？仪器常数与温度有关系吗？

④ 实验中，对相同浓度的溶液，两组同学测得的压力差并不相同，为什么？

实验30 凝固点降低法测定物质的摩尔质量

【实验引入】

凝固点降低法测摩尔质量是一个有着近百年历史的经典实验，由 Beckman 首先设计出了可以精确测量凝固点的装置，才完成了该实验的整体设计。

凝固点降低法可以用来验证稀溶液的依数性。稀溶液的依数性指的是：指定溶剂的种类和数量之后，凝固点降低、沸点升高、渗透压等性质只取决于溶剂的性质和分子数，与溶质的性质无关。同样作为依数性的体现，相比沸点升高，凝固点降低常数比沸点升高常数要大，而且凝固点的测定更为方便，因此，凝固点降低比沸点升高更常用。

物质的摩尔质量是一个重要的物理化学数据，它在实验和溶液理论的研究方面都具有重要意义。凝固点降低法测摩尔质量不仅是一种较简便和准确测量溶质摩尔质量的方法，而且广泛应用于溶液热力学研究。因此几乎所有重要的物理化学实验教材都会采用这个实验。作为有着百年历史的经典实验，现行的绝大部分物理化学实验教材都采用环己烷-萘体系，其中萘作为溶质，环己烷作为溶剂。这种体系的优点是凝固点在 3～5℃，易于观察，但该类体系缺陷也很明显，体系中萘和环己烷皆为有一定毒性的环境污染物，回收起来有一定难度，另外该实验在凝固点的判断上，学生较难掌握。

【实验目标】

知识目标 了解凝固点降低法测分子量的原理；

技能目标 掌握凝固点下降装置和精密数字温差仪的使用方法；

价值目标 培养耐心实验、善于总结的科学精神。

【实验原理】

当稀溶液凝固析出纯固体溶剂时，则溶液的凝固点低于纯溶剂的凝固点，其降低值与溶液的质量摩尔浓度成正比，即：

$$\Delta T = T_f^* - T_f = K_f \times m_B \tag{1}$$

式中，T_f^* 为纯溶剂的凝固点；T_f 为溶液的凝固点；m_B为溶液中溶质 B 的质量摩尔浓度；K_f 为溶剂的质量摩尔凝固点降低常数，它的数值仅与溶剂的性质有关。表 1 给出了部分溶剂的凝固点降低常数值。

表 1 几种溶剂的凝固点降低常数值

溶剂	水	乙酸	苯	环己烷	环己醇	萘	三溴甲烷
T_f^*/K	273.15	289.75	278.65	279.65	297.05	383.5	280.95
K_f/K·kg·mol^{-1}	1.86	3.90	5.12	20	39.3	6.9	14.4

若称取一定量的溶质 W_B(g) 和溶剂 W_A(g)，配成稀溶液，则此溶液的质量摩尔浓度 m_B 为

$$m_B=\frac{W_B}{M_B W_A}\times 10^{-3} \tag{2}$$

式中，M_B 为溶质的摩尔质量，整理得：

$$M_B=K_f\frac{W_B}{\Delta T W_A}\times 10^{-3} \tag{3}$$

若已知某溶剂的凝固点降低常数 K_f 值，通过实验测定此溶液的凝固点降低值 ΔT，即可计算溶质的分子量 M_B。

通常测凝固点的方法是将溶液逐渐冷却，但冷却到凝固点，并不析出晶体，往往成为过冷溶液。然后由于搅拌或加入晶种促使溶剂结晶，由结晶放出的凝固热，使体系温度回升，当放热与散热达到平衡时，温度不再改变。此固液两相共存的平衡温度即为溶液的凝固点。但过冷太厉害或寒剂温度过低，则凝固热抵偿不了散热，此时温度不能回升到凝固点，在温度低于凝固点时完全凝固，就得不到正确的凝固点。

从相律看，溶剂与溶液的冷却曲线形状不同。对纯溶剂两相共存时，自由度 $f^*=1-2+1=0$，冷却曲线出现水平线段，其形状如图 1(b) 所示。对溶液两相共存时，自由度 $f^*=2-2+1=1$，温度仍可下降，但由于溶剂凝固时放出凝固热，使温度回升，但回升到最高点又开始下降，所以冷却曲线不出现水平线段，如图 1(c) 所示。由于溶剂析出后，剩余溶液浓度变大，显然回升的最高温度不是原浓度溶液的凝固点，严格的做法应作冷却曲线，并按图 1(c) 中所示曲线加以校正。但由于冷却曲线不易测出，而真正的平衡浓度又难于直接测定，实验总是用稀溶液，并控制条件使其晶体析出量很少，所以以起始浓度代替平衡浓度，

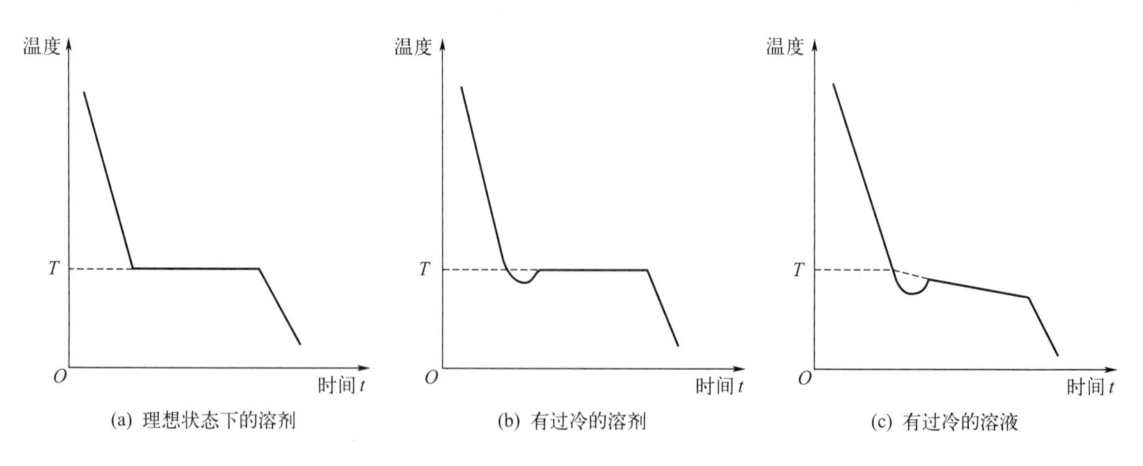

图 1 溶剂与溶液的三种冷却曲线

对测定结果不会产生显著影响。

本实验测纯溶剂与溶液凝固点之差，由于差值较小，所以测温需用数字式精密温差测量仪进行。

【仪器及药品】

仪器：凝固点测定仪一套（构造详见图2）、数字式精密温差测量仪、电子分析天平、普通酒精温度计、25mL移液管、洗耳球、滤纸。

药品：环己烷、萘、冰块。

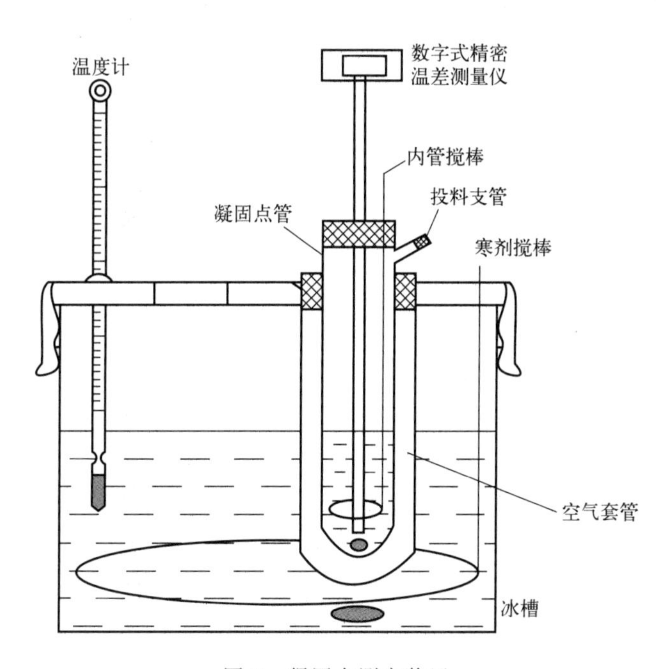

图2　凝固点测定装置

【实验步骤】

1. 环己烷（纯溶剂）凝固点的测定

（1）调节寒剂的温度　调节冰的量使寒剂的温度处于3℃左右。在实验过程中用搅拌器经常搅拌并根据寒剂的温度要经常补充少量的冰，使寒剂保持此温度。

（2）环己烷的凝固点测定　用移液管吸取25mL环己烷，把它加入凝固点管。然后塞上橡胶塞，并调整温差仪的探头使其浸入环己烷的液面之下。先将盛放环己烷液体的凝固点管直接插入寒剂中，当刚有固体析出时迅速将其外壁擦干，将其插入空气套管中，观察温差仪至温度稳定有回升，记录温度 T_1。然后将凝固点管握于手中，用手温热之，待管中固体完全溶化后，将凝固点管直接置于寒剂中，使之温度降至 $T_1+0.5$℃，将其置于空气套管中，观察温度下降至回升，记录纯溶剂凝固点 T_f^*，重复测定三次，温差值差异不超过0.005℃。

2. 测萘的环己烷溶液的凝固点

取出凝固点管，使管中的环己烷溶化。用电子分析天平精准测量萘（0.12g，精确至四位小数）加入到环己烷中，搅拌使其完全溶解。然后测定该溶液的凝固点，测定方法与上述相同。凝固点结晶应该尽量少，俗称晶须。

3．实验完成后的操作

洗净样品管，关闭电源，弃去冰水浴中的冷却水，擦干搅拌器，整理实验台。

【实验数据记录与处理】

① 由环己烷的密度，计算所取环己烷的重量 W_A。

② 将凝固点测量数据列入表 2 中，并记录寒剂温度。

表 2　纯溶剂和溶液的凝固点测量结果记录

室温：______℃；大气压力：______Pa；寒剂的温度：______℃

溶剂和溶液	凝固点 T/℃		
	测量值		平均值
环己烷	第一次		
	第二次		
	第三次		
萘的环己烷溶液	第一次		
	第二次		
	第三次		

③ 根据公式，由所得数据计算出环己烷凝固点的下降值，从而计算出萘的摩尔质量，并计算实验值与理论值的相对误差。

【注意事项】

① 搅拌速度的控制是做好本实验的关键，每次测定应按要求的速度搅拌，并且测溶剂与溶液凝固点时搅拌条件要完全一致。准确读取温度和温差也是实验的关键所在，温度读准至小数点后第二位，温差应读准至小数点后第三位。

② 寒剂温度对实验结果也有很大影响，过高会导致冷却太慢，过低则测不出正确的凝固点。

③ 在测量过程中，析出的固体越少越好，以减少溶液浓度的变化，才能准确测定溶液的凝固点。若过冷太大，溶剂凝固太多，溶液的浓度变化太大，可能会使测量值偏低。在过程中可通过加速搅拌、控制过冷温度，加入晶种等控制过冷。

【思考题】

① 为什么要先测近似凝固点？

② 根据什么原则考虑加入溶质的量？太多或太少影响如何？

③ 测凝固点时，纯溶剂温度回升后有一恒定阶段，而溶液则没有，为什么？

④ 影响凝固点精确测量的因素有哪些？

⑤ 当溶质在溶液中有离解、缔合和生成配合的情况时，对其摩尔质量的测定有什么影响？

实验 31　燃烧热的测定

【实验引入】

燃烧热是指 1mol 物质完全燃烧生成稳定的产物时释放的热量。“完全燃烧”是指 C→CO_2(g)，H→H_2O(l)，S→SO_2(g)，N→N_2(g)，Cl→HCl(aq) 等。

燃烧热的测定，除了有其实际应用价值外，还可用来求算化合物的生成热、化学反应的反应热和键能等，具有重要的理论价值。

燃烧热的测定采用量热法，是热力学的一个基本实验方法。燃烧热可以在定容或定压两种不同条件下测得，用氧弹热量计测得的是恒容燃烧热 Q_V；一般热化学计算用的数据是恒压燃烧热 Q_p，从手册上查到的燃烧热数值都是在 298.15K，标准大气压条件下，即标准摩尔燃烧焓，属于恒压燃烧热 Q_p。两者的关系为：

$$Q_p = Q_V + \Delta nRT \tag{1}$$

式中，Δn 为反应前后生成物和反应物中气体的物质的量之差，mol；R 为摩尔气体常数，$J \cdot mol^{-1} \cdot K^{-1}$；$T$ 为反应的热力学温度，K。

【实验目标】

知识目标 明确燃烧热的定义，熟悉定压反应热和定容反应热的关系，了解氧弹式热量计的原理、构造及使用方法；

技能目标 用氧弹式热量计测量萘的燃烧热；

价值目标 培养理论联系实际的科学意识。

【实验原理】

测量热效应的仪器称作热量计。热量计的种类很多，一般测量燃烧热用氧弹式热量计。图 1 是氧弹式热量计的结构，图 2 是氧弹的结构。

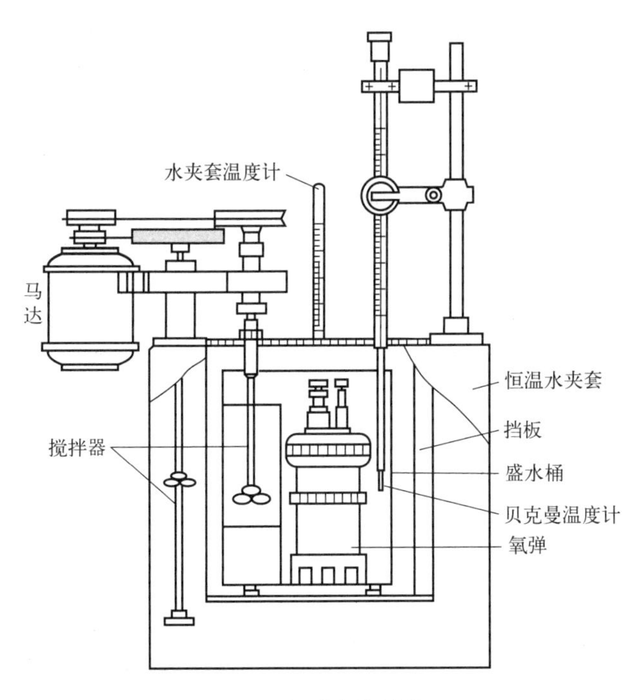

图 1 氧弹式热量计

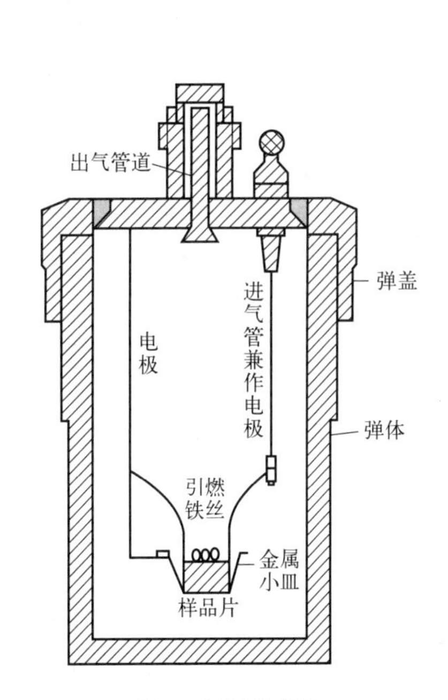

图 2 氧弹的结构

整个仪器由量热主体部分和测量部分所组成。量热主体部分由自密封式氧弹（图 2）、恒温水夹套、盛水桶、搅拌器、贝克曼温度计、水夹套温度计（图 1），以及压片机、气体减压器等组成；而测量部分为控制器，包括显示器、键盘和点火等。

实验中先把 mg 样品放入密闭氧弹中，并充入 O_2，然后将氧弹放入装有一定量水的内筒中点火，使 mg 样品完全燃烧，放出的热量传给水及内筒，使之温度上升，如果设体系

（包括水、内筒及氧弹）的热容为常数 $C_{仪}$（单位为 $J \cdot K^{-1}$），水的始末温度为 T_1 和 T_2，则 mg 物质的燃烧热为：

$$Q_V = C_{仪} \times (T_2 - T_1) \tag{2}$$

该物质的摩尔燃烧热为：

$$Q_{V,m} = \frac{M \times C_{仪} \times (T_2 - T_1)}{m} \tag{3}$$

式中，m 为样品的质量，g；M 为该物质的摩尔质量，$g \cdot mol^{-1}$。

体系的热容可用已知燃烧热的物质测出，即在相同的量热体系中，先燃烧已知燃烧热的物质，测其始末温度。根据公式求出常数 $C_{仪}$，再燃烧未知物质即可计算出其燃烧热，即恒容摩尔燃烧热。

【仪器及药品】

仪器：GR-3500 型（或其他型号）氧弹式热量计（图 1）、容量瓶（2000mL、1000mL）、氧气钢瓶（附减压阀）、电子分析天平、万用电表、托盘天平、坩埚、燃烧丝、剪刀。

药品：苯甲酸（AR）、萘（AR）。

【实验步骤】

1. 热量计的水及仪器当量（即总热容量）的测定

热量计的热容量就是与其量热体系具有相同热容量的水的质量（以克计）。热量计热容量表数值上等于量热体系温度升高 1℃所需的热量。量热体系指在实验过程中发生的热效应所能分布到的部分，包括量热容器、氧弹的全部以及搅拌器、温度计的一部分。

热量计热容量用已知燃烧热值的苯甲酸，在氧弹内用燃烧的方法测定。试样的测定应与热容量的测定在完全相同的条件下进行。当操作条件有变化时，如更换或修理热量计上的零件，更换温度计，室温与上次测定热容量时的室温相差超过 5℃以及热量计移到别处等，均应重新测定热容量。

① 样品称取和压片。在电子分析天平上分别准确称重苯甲酸 0.6～0.8g；取约 10cm 长的燃烧丝一根，也在电子分析天平上精确称重；把燃烧丝和待燃烧的物质用压片机一起压成片。

② 氧弹充氧。将氧弹的弹头放在弹头架上，把燃烧丝的两端分别紧绕在氧弹头上的两根电极上，把弹头放入弹杯中，拧紧。

充氧时，开始先充约 0.5MPa 氧气，然后使用放气阀，借以赶出氧弹中的空气。重复该操作一次。第三轮，再充入 1MPa 氧气，充气约 2 分钟。氧弹放入量热计中，接好点火线。氧弹不应漏气，如有漏气现象，应找出原因，予以修理。

③ 调节水温。准备一桶自来水，调节水温约低于外筒水温 1℃（也可以不调节水温直接使用）。用量筒取 2500mL 水注入内筒，水面应淹到氧弹进气阀螺帽高度的 2/3 左右，装好搅拌头。

④ 测定水当量。将测温探头插入内筒，测温探头和搅拌器均不得接触氧弹和内筒。

整个实验分为三个阶段：

初期：这是试样燃烧以前的阶段。在这一阶段观测和记录周围环境与量热体系在实验开始温度下的热交换关系。每隔 1min 读取温度一次，这样连续读取 8～10 组温度，直到读取的温度与上次相差小于 0.01℃。

燃烧期：燃烧定量的试样，产生的热量传给热量计，使热量计装置的各部分温度达到均匀。在初期的最末一次读取温度的瞬间，按下点火键点火（按住约1min不放），若温度迅速上升，则表明样品已经开始燃烧（如果通电后，温度没有迅速上升，表示点火没有成功，需打开氧弹，检查原因），燃烧过程中每隔15s读取一次温度，直到温度上升明显缓慢为止，这个阶段算作燃烧期。

末期：这一阶段的目的与初期相同，是观察在实验终了温度下的热交换关系。在燃烧期读取最后一次温度后，每隔1min读取温度一次，共读取8～10组温度作为实验的末期。

⑤ 停止观测温度后，从热量计中取出氧弹，用放气帽缓缓压下放气阀，在1分钟左右放尽气体，拧开并取下氧弹盖，电子分析天平称量出未燃完的引火线长度，计算其实际消耗的重量。随后仔细检查氧弹，如弹中有黑烟或未燃尽的试样微粒，此实验应作废。如果未发现这些情况，用蒸馏水洗涤弹内各部分、坩埚和进气阀。

⑥ 用干布将氧弹内外表面和弹盖拭净，最好用热风将弹盖及零件吹干或风干，备用。

2. 试样燃烧热的测定

萘的燃烧热的测定：称取0.5g萘，用上述同样的方法进行测定。

【实验数据记录与处理】

① 室温______℃

大气压______ kPa

② 将实验数据列入表1。

表1　实验数据记录表

<table>
<tr><td colspan="8">测试苯甲酸燃烧热数据</td></tr>
<tr><td colspan="2">反应前期(每分钟1次)</td><td colspan="2">反应中期(每15s 1次)</td><td colspan="4">反应后期(每分钟1次)</td></tr>
<tr><td>序号</td><td>温度 t_1/℃</td><td>序号</td><td>温度 t_2/℃</td><td>序号</td><td>温度 t_3/℃</td><td></td><td></td></tr>
<tr><td>1</td><td></td><td>1</td><td></td><td>1</td><td></td><td></td><td></td></tr>
<tr><td>2</td><td></td><td>2</td><td></td><td>2</td><td></td><td></td><td></td></tr>
<tr><td>3</td><td></td><td>3</td><td></td><td>3</td><td></td><td></td><td></td></tr>
<tr><td>4</td><td></td><td>4</td><td></td><td>4</td><td></td><td></td><td></td></tr>
<tr><td>5</td><td></td><td>5</td><td></td><td>5</td><td></td><td></td><td></td></tr>
<tr><td>6</td><td></td><td>6</td><td></td><td>6</td><td></td><td></td><td></td></tr>
<tr><td>7</td><td></td><td>7</td><td></td><td>7</td><td></td><td></td><td></td></tr>
<tr><td>8</td><td></td><td>8</td><td></td><td>8</td><td></td><td></td><td></td></tr>
<tr><td>9</td><td></td><td>9</td><td></td><td>9</td><td></td><td></td><td></td></tr>
<tr><td>10</td><td></td><td>10</td><td></td><td>10</td><td></td><td></td><td></td></tr>
<tr><td></td><td></td><td>11</td><td></td><td></td><td></td><td></td><td></td></tr>
<tr><td></td><td></td><td>12</td><td></td><td></td><td></td><td></td><td></td></tr>
<tr><td></td><td></td><td>13</td><td></td><td></td><td></td><td></td><td></td></tr>
<tr><td></td><td></td><td>14</td><td></td><td></td><td></td><td></td><td></td></tr>
<tr><td></td><td></td><td>15</td><td></td><td></td><td></td><td></td><td></td></tr>
</table>

续表

测试萘燃烧热数据							
反应前期(每分钟1次)		反应中期(每15s 1次)		反应后期(每分钟1次)			
序号	温度 t_1/℃	序号	温度 t_2/℃	序号	温度 t_3/℃		
1		1		1			
2		2		2			
3		3		3			
4		4		4			
5		5		5			
6		6		6			
7		7		7			
8		8		8			
9		9		9			
10		10		10			
		11					
		12					
		13					
		14					
		15					

③ 实验原始数据记录：

a. 燃烧丝重______g；棉线重______g；苯甲酸样品重______g；剩余燃烧丝重______g；水温______℃。

b. 燃烧丝重______g；棉线重______g；萘样品重______g；剩余燃烧丝重______g；水温______℃。

④ 由实验数据分别求出苯甲酸、萘燃烧前后的$t_{始}$和$t_{终}$。

【注意事项】

① 试样在氧弹中燃烧产生的压力可达14MPa。因此在使用后应将氧弹内部擦干净，以免引起弹壁腐蚀，减小其强度。

② 氧弹、量热容器、搅拌器在使用完毕后，应用干布擦去水迹，保持表面清洁、干燥，防止腐蚀而生锈。

③ 内筒中加2500mL水后若有气泡逸出，说明氧弹漏气，设法排除。

④ 搅拌时不得有摩擦声。

⑤ 测定样品萘时，内筒水要更换且需调温。

⑥ 氧气遇油脂会爆炸，因此氧气减压器、氧弹以及氧气通过的各个部件、各连接部分不允许有油污，更不允许使用润滑油。如发现油污，应用乙醚或其他有机溶剂清洗干净。

⑦ 坩埚在每次使用后，必须清洗和除去碳化物，并用纱布清除黏着的污点。

【思考题】

① 搅拌太慢或太快有何影响？

② 实验中哪些因素容易造成误差？最大误差是哪种？提高本实验的准确度应该从哪方面考虑？

③ 说明恒容热和恒压热的关系。

实验32 原电池电动势的测定及应用

【实验引入】

电池由正、负两极组成，在放电过程中，正极（阴极）发生还原反应，负极（阳极）发生氧化反应，电池内部可能发生其他反应（如离子迁移等），电池反应是电池中所有反应的总和。电池除可以用来作为电源外，还可用来研究构成电池的化学反应的热力学性质。从化学热力学知道，在恒温、恒压、可逆条件下，系统的吉布斯函数变化 ΔG 与电池的电动势 E 存在下列关系：

$$\Delta G=-nFE \tag{1}$$

式中，ΔG 为电池反应的吉布斯函数变，kJ；F 为法拉第常数（等于 $96500C\cdot mol^{-1}$）；n 为得失电子数，mol；E 为电池的电动势，V。

可见，只要能测出该电池的 E，便可求出 ΔG，通过 ΔG 又可求出其他热力学函数，但必须注意，只有恒温、恒压、可逆条件下，上式才能成立。这就首先要求电池反应本身是可逆的，即要求电极反应必须可逆，且不存在任何不可逆的液体接界电势。另外，电池还必须在可逆的情况下工作，即放电和充电过程都必须在准平衡状态下进行，此时只有无限小的电流通过电池。只有这样，测得的电动势才能与理论值（应用 Nernst 方程的计算值）相吻合。用电化学方法研究化学反应的热力学性质时所设计的电池应尽量避免出现液体接界电势，在精确度要求不高的测量中，常用“盐桥”来消除。如图1所示，常用的盐桥有 $KCl(3mol\cdot dm^{-3}$ 或饱和)、KNO_3、NH_4NO_3 等。

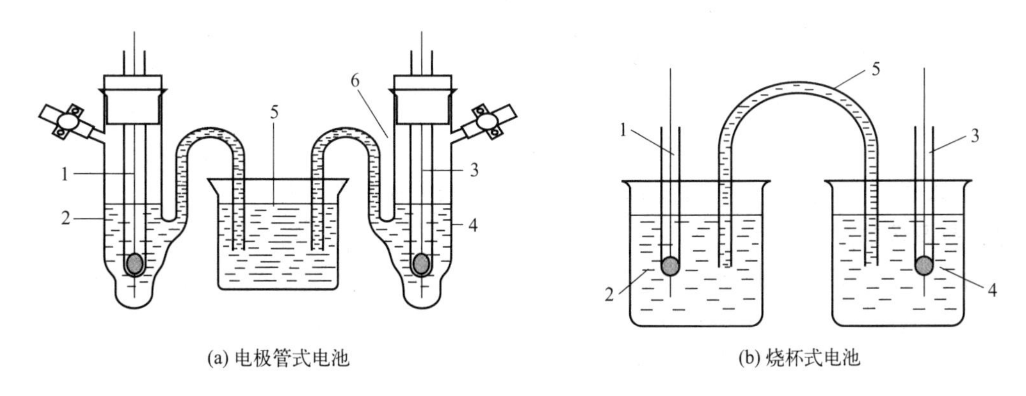

图1 Cu-Zn 电池及常用盐桥示意图

1—Zn 电极；2—$ZnSO_4$ 溶液；3—Cu 电极；4—$CuSO_4$ 溶液；5—盐桥；6—电极管

【实验目标】

知识目标 了解可逆电池、可逆电极、盐桥等概念，掌握用能斯特方程测定电动势的原理；

技能目标 学会Cu-Zn电池的电动势测定和Cu、Zn电极的电极电势测定的方法；

价值目标 培养理论联系实际的能力和解决问题的能力。

【实验原理】

在进行电池电动势测量时，为了使电池反应在接近热力学可逆条件下进行，不能用伏特表，而要用电位差计。

由式（1）可推导出电池电动势及电极电势与浓度的关系表达式，下面以Cu-Zn电池为例进行分析。

电池组成：$Zn|ZnSO_4(c_1)\|CuSO_4(c_2)|Cu$

负极反应：$Zn \longrightarrow Zn^{2+} + 2e^-$

正极反应：$Cu^{2+} + 2e^- \longrightarrow Cu$

电池反应：$Zn + Cu^{2+} \longrightarrow Zn^{2+} + Cu$

由热力学第二定律可知，ΔG 与 $\Delta G^{\ominus}$ 的关系，可表示为：

$$\Delta G = \Delta G^{\ominus} + RT\ln\frac{a_{Zn^{2+}}}{a_{Cu^{2+}}} \tag{2}$$

将式(2) 代入式(1)，得到电池的电动势与活度的关系式：

$$E = E^{\ominus} - \frac{RT}{2F}\ln\frac{a_{Zn^{2+}}}{a_{Cu^{2+}}} \tag{3}$$

式中，$E^{\ominus}$为溶液中锌离子的活度和铜离子的活度均等于1时的电池电动势，被称为标准电动势。因为 $E=\varphi_+ + \varphi_-$，对铜-锌电池而言：

$$\varphi_+ = \varphi(Cu^{2+}/Cu);$$

$$\varphi_- = \varphi\ (Zn^{2+}/Zn);$$

$$\varphi(Cu^{2+}/Cu) = \varphi^{\ominus}(Cu^{2+}/Cu) + \frac{RT}{2F}\ln a_{Cu^{2+}} \tag{4}$$

$$\varphi(Zu^{2+}/Zn) = \varphi^{\ominus}(Zn^{2+}/Zn) + \frac{RT}{2F}\ln a_{Zn^{2+}} \tag{5}$$

式中，$\varphi^{\ominus}(Cu^{2+}/Cu)$、$\varphi^{\ominus}(Zn^{2+}/Zn)$ 分别为铜电极和锌电极的标准电极电势。

采用补偿法测定原电池电动势，其原理为：严格控制电流在接近于零的情况下来决定电池的电动势，为此，可用一个方向相反但数值相同的电动势，对抗待测电池的电动势，使电路中无电流通过，这时测出的两极的电势差就等于该电池的电动势 E。

【仪器及药品】

仪器：UJ25型高电势直流电位差计、检流计、标准电池、直流稳压电源、饱和甘汞电极1支、铜电极2支、锌电极1支、电极管3支、50mL烧杯、电极架、铜片（镀铜用的阳极）、砂纸。

药品：稀 H_2SO_4、稀 HNO_3、0.1000mol·L^{-1} $ZnSO_4$ 溶液、饱和KCl溶液、0.1000mol·L^{-1} $CuSO_4$ 溶液、0.0100mol·L^{-1} 镀铜溶液（$CuSO_4 \cdot 5H_2O$ 125g·L^{-1}、H_2SO_4 25g·L^{-1}、乙醇50mg·L^{-1}）。

【实验步骤】

1. 电极制备

(1) 锌电极　先用砂纸将锌片或锌棒表面小心抛光，用蒸馏水冲洗。然后用稀 H_2SO_4 溶液浸洗片刻，再用蒸馏水和 $ZnSO_4$ 溶液浸洗。把处理好的锌电极插入清洁的电极管内并塞紧，将电极管的虹吸管管口浸入盛有 $0.1000mol \cdot L^{-1}$ $ZnSO_4$ 溶液的小烧杯内，将溶液倒入电极管浸没电极略高一点，塞紧橡胶管。注意虹吸管内（包括管口）不可有气泡，也不能有漏液现象。

(2) 铜电极　铜电极先在稀 HNO_3（约 $6mol \cdot L^{-1}$）内浸洗，取出后用蒸馏水冲洗干净，将两个铜电极并联在一起作为阴极，取另一铜片作阳极，在镀铜溶液内进行电镀。

电镀条件：电流密度控制在 $20mA \cdot cm^{-2}$ 左右，电镀约 15min，使铜电极表面上有一紧密的镀层。电镀后，将铜电极取出，用蒸馏水淋洗，分别插入两个电极管内，同上法分别加入 $0.1000mol \cdot L^{-1}$ $CuSO_4$ 溶液和 $0.0100mol \cdot L^{-1}$ $CuSO_4$ 溶液，其他操作同锌电极制备。

(3) 电池的组合　将饱和 KCl 溶液注入 50mL 的小烧杯中，制成盐桥，再将制备的锌电极和铜电极用盐桥连接起来，即 Cu-Zn 电池装置。

同法组成下列电池：

$$Cu|CuSO_4(0.0100mol \cdot L^{-1}) \| CuSO_4(0.1000mol \cdot L^{-1})|Cu$$

$$Zn|ZnSO_4(0.1000mol \cdot L^{-1}) \| KCl(\text{饱和})|Hg_2Cl_2|Hg$$

$$Hg|Hg_2Cl_2|KCl(\text{饱和}) \| CuSO_4(0.1000mol \cdot L^{-1})|Cu$$

2. 电动势的测定

① 连接好电动势的测量电路，经老师检查后方可接上电源。

② 根据标准电池电动势的温度校正公式，计算出室温下标准电池的电动势值。

③ 按室温下的标准电池电动势值对电位差计的工作电流进行标定。

④ 根据 UJ25 型高电势直流电位差计（图 2）的使用方法分别测定下列各电池的电动势。

$$Zn|ZnSO_4(0.1000mol \cdot L^{-1}) \| CuSO_4(0.1000mol \cdot L^{-1})|Cu$$

$$Cu|CuSO_4(0.0100mol \cdot L^{-1}) \| CuSO_4(0.1000mol \cdot L^{-1})|Cu$$

$$Zn|ZnSO_4(0.1000mol \cdot L^{-1}) \| KCl(\text{饱和})|Hg_2Cl_2|Hg$$

$$Hg|Hg_2Cl_2|KCl(\text{饱和}) \| CuSO_4(0.1000mol \cdot L^{-1})|Cu$$

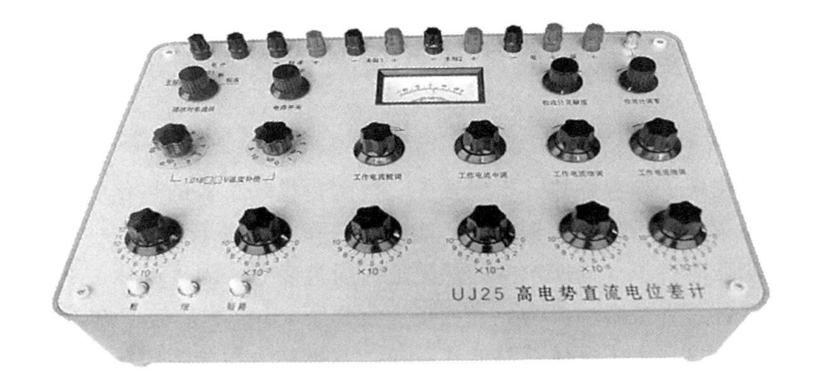

图 2　UJ25 型高电势直流电位差计

【实验数据记录】

将实验数据列入表 1。

表 1　实验数据记录表

<table>
<tr><td colspan="6">室温______℃　大气压________ kPa</td></tr>
<tr><td>测量项目</td><td>E/V</td><td>平均 E/V</td><td>$\varphi^{\ominus}/V$</td><td>铜锌电池 $E^{\ominus}/V$</td><td>$\Delta_r G_m^{\ominus}$</td></tr>
<tr><td rowspan="3">铜电极</td><td></td><td rowspan="3"></td><td rowspan="3"></td><td rowspan="6"></td><td rowspan="6"></td></tr>
<tr><td></td></tr>
<tr><td></td></tr>
<tr><td rowspan="3">锌电极</td><td></td><td rowspan="3"></td><td rowspan="3"></td></tr>
<tr><td></td></tr>
<tr><td></td></tr>
</table>

【注意事项】

① 电极的处理与制作。本实验对铜电板和锌电板的处理比较简单，这对于准确到 mV 级的测量是可以的，对于较精确的测量则应作进一步处理。对于铜电板，为保证电极金属有较高的纯度要预先进行电镀，对于锌电极要进行汞齐化处理，先用稀硝酸浸洗除去表面氧化物，然后浸入 $Hg_2(NO_3)_2$ 的饱和溶液中片刻，用滤纸擦亮表面，用去离子水洗净。这样做的目的是消除金属表面机械应力不同的影响，使获得重现性较好的电极电势。因汞有剧毒，用过的滤纸要放到盛水的广口瓶中用盖塞紧统一处理。

② 为判断测得的电动势是否准确，可在约 15min 时间内以相等的时间间隔测 7～8 个数据，如果数据逐渐重现，偏差小于±0.5mV，则可认为稳定和准确。

【思考题】

① 补偿法测电动势的基本原理是什么？为什么用伏特表不能准确测定电池电动势？

② 电位差计、标准电池、检流计及工作电池各有什么作用？

③ 如何维护和使用标准电池及检流计？

④ 参比电极应具备什么条件？它有什么功用？

⑤ 盐桥有什么作用？应选择什么样的电解质作盐桥？

⑥ 测量电池电动势时，如果电池的极性接反了会有什么后果？

实验 33　溶解热的测定

【实验引入】

在化学反应过程中，除燃烧热、生成热外，溶解热也是重要的热化学数据之一，特别是在溶液状态下，必须知道物质的溶解热，才能准确地算出反应热。

溶解热是一物质溶解于溶剂所产生的热效应，研究表明，温度、压力、溶质的物质的量和溶剂的物质的量都对它有影响。为此，在定温定压下 1mol 物质溶解在溶剂中所产生的热效应定义为摩尔溶解热，由于是体系总的热效应，常被称为积分溶解热。

对于晶体盐来说，它的溶解可以看成占据晶格的离子在溶剂的作用下由晶格进入溶液，并被周围的分子溶剂化的过程。因此，1mol 晶格离子溶于大量溶剂中成为无限稀释溶液

（为了忽略离子间相互吸引作用）所测得的溶解热，由两部分组成：其一是晶体离子变为气体离子，这是一个吸热过程，它的热量交换是晶格能（自由的气体离子结合生成 1mol 晶体的生成热）；其二是气体离子溶入溶剂中产生离子的溶剂化热（1mol 自由气体离子进入溶液所产生的能量变化），它为一放热过程。溶解热为上述两个过程的热量总和。

【实验目标】

知识目标　掌握测定积分溶解热的基本概念和测量原理；

技能目标　用量热法测定无水硫酸铜的积分溶解热，掌握用雷诺图解法校正温度的改变值；

价值目标　培养严谨、科学的学习态度。

【实验原理】

物质溶解过程所产生的热效应称为溶解热，可分为积分溶解热和微分溶解热两种。积分溶解热是指定温定压下把 1mol 物质溶解在 $n$mol 溶剂中时所产生的热效应。由于在溶解过程中溶液浓度不断改变，因此又称为变浓溶解热。微分溶解热是指在定温定压下把 1mol 物质溶解在无限量某一定浓度溶液中所产生的热效应。在溶解过程中浓度可视为不变，因此又称为定浓溶解热，即定温、定压、定溶剂状态下，由微小的溶质增量所引起的热量变化。

稀释热是指将溶剂添加到溶液中，使溶液稀释的过程中的热效应，又称为冲淡热。它也有积分（或变浓）稀释热和微分（或定浓）稀释热两种。积分稀释热是指在定温定压下把原为含 1mol 溶质和 $n$mol 溶剂的溶液冲淡到含有 $n$mol 溶剂时的热效应，它为两浓度的积分溶解热之差。微分稀释热是指将 1mol 溶质加到某一浓度的无限量溶液中所产生的热效应，即定温、定压、定溶质状态下，由微小溶剂增量所引起的热量变化。

积分溶解热的大小与浓度有关，但不具有线性关系。通过实验测定，可绘制出一条积分溶解热 Q 与相对于 1mol 溶质的溶剂量 n 之间的关系曲线（如图 1 所示），其他三种热效应由 Q-n 曲线求得。

设纯溶剂、纯溶质的摩尔焓分别为 H_1 和 H_2，溶液中溶剂和溶质的偏摩尔焓分别为 $H_{1,m}$ 和 $H_{2,m}$，对于由 n_1 摩尔溶剂和 n_2 摩尔溶质所组成的体系，在溶剂和溶质未混合前，体系总焓为：

$$H = n_1 H_1 + n_2 H_2 \tag{1}$$

将溶剂和溶质混合后，体系的总焓为：

$$H' = n_1 H_{1,m} + n_2 H_{2,m} \tag{2}$$

因此，溶解过程的热效应为：

$$\Delta H = H' - H = n_1(H_{1,m} - H_1) + n_2(H_{2,m} - H_2) = n_1 \Delta H_1 + n_2 \Delta H_2 \tag{3}$$

在无限量溶液中加入 1mol 溶质，式(3) 中的第一项可认为不变，在此条件下所产生的热效应为式(3) 第二项中的焓变，即微分溶解热。同理，在无限量溶液中加入 1mol 溶剂，所产生的热效应为式(3) 中第一项中的焓变，即微分稀释热。

根据积分溶解热的定义，有：

$$Q = \frac{\Delta H}{n_2} \tag{4}$$

将式(3) 代入，可得：

$$Q = \frac{n_1}{n_2}\Delta H_1 + \Delta H_2 = n_{01}\Delta H_1 + \Delta H_2 \tag{5}$$

此式表明，在 Q-n 曲线上，对一个指定的 n，其微分稀释热为曲线在该点的切线斜率，即图 1 中的 AD/CD；n 处的微分溶解热为该切线在纵坐标上的截距，即图 1 中的 OC。

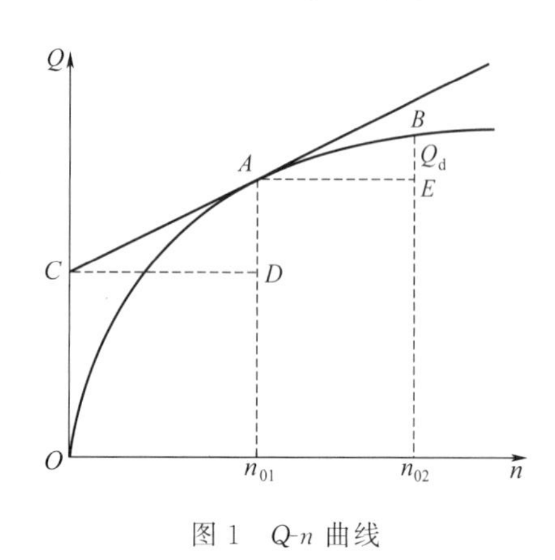

图 1　Q-n 曲线

在含有 1mol 溶质的溶液中加入溶剂，使溶剂物质的量由 n_{01} 增加到 n_{02}，所产生的积分稀释热即为 Q-n 曲线上 n_{01} 和 n_{02} 两点处 Q 的差值。

本实验测定硝酸钾在水中的溶解热。由于该溶解过程是吸热过程，故可采用电热补偿法进行测定。实验时先测定体系的起始温度，当溶解过程进行后温度下降，采用电加热法使体系温度回到起始温度，根据所消耗的电能可求出溶解过程的热效应。

$$Q = I^2Rt = IVt \tag{6}$$

式中，I 为加热器电阻丝中流过的电流，A；V 为电阻丝两端所加的电压，V；t 为通电时间，s。

【仪器及药品】

仪器：SWC-RJ 溶解热测定装置、WLS-2 数字恒流电源、SWC-ⅡD 精密数字温度温差仪、电子分析天平、电子台秤、称量瓶。

药品：硫酸铜（固体，已经磨细并烘干）、氯化钾。

【实验步骤】

1. 测定装置

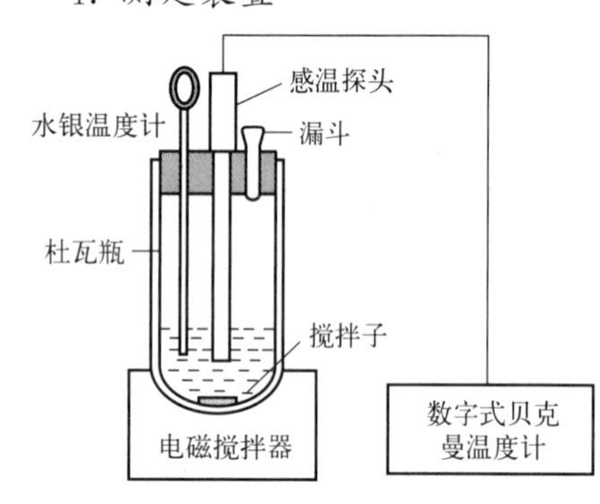

图 2　SWC-RJ 溶解热测定装置

溶解热测定装置如图 2。玻璃漏斗用来加入待测的溶质。不加溶质时则取出漏斗并用橡胶塞塞严小孔。整个装置要洗净、干燥。

2. 量热仪器热容量的标定

本实验采用标准物质法通过已知质量的 KCl 在水中的溶解热标定量热仪器热容量。为此，先在干净的热量计中装入 350mL 蒸馏水，将调好的贝克曼温度计插入热量计中，此时刻度应在 2～3。保持一定的搅拌速度，至温度变化基本稳定后，用放大镜准确读出贝克曼温度计上的温度读数（准确至 0.002℃），每分钟读一次，读数之前 5s，用套有橡胶管的玻璃棒轻敲温度计，以防止温度计的热惰性，连续读 8 次后，拔出盖上的橡胶塞，换上专用玻璃漏斗，立即将称好的 6～7g（准确至 0.0001g）KCl，经漏斗迅速在 30s 内倒入热量计中，取下漏斗，重新塞上橡胶塞，搅拌，并继续按上述方法读数至温度不再下降，再读取 8 次即可停止，并用温度计测出热量计中的溶液温度。

3. $CuSO_4$ 溶解热的测定

用 3～4g（准确至 0.01g）无水 $CuSO_4$ 代替 KCl 重复上述操作。

【数据记录】

将数据记录在表 1 和表 2 中。

表1 KCl溶解过程中的时间-温度计读数表

室温______℃ 大气压________kPa													
时间/min													
温度计读数/℃													
时间/min													
温度计读数/℃													

表2 $CuSO_4$ 溶解过程中的时间-温度计读数表

时间/min													
温度计读数/℃													
时间/min													
温度计读数/℃													

【注意事项】

① 本实验应确保样品充分溶解，因此实验前必须充分研磨样品。已进行研磨和烘干处理的样品置于干燥器中。

② 样品加入快慢的控制是实验成败的关键。加得太快，会使温差过大，体系与环境的热交换加快，测得的溶解热偏低。另外加样太快会致使磁子陷住，不能正常搅拌。加得太慢，一旦温度升到一个较高的值，可能再无法回到负值。

③ 实验时需控制合适的搅拌速度。搅拌太快，会以功的形式向系统中引入能量；搅拌太慢，会因水的传热性差而导致 Q 值偏低，而且样品难以完全溶解。若实验结束发现有未溶解的硫酸铜，应重做实验。

④ 数据采集过程中，切记不要进行任何其他操作，否则需要重新采集数据。

【思考题】

① 本实验温差零点为何设置在室温以上约0.5℃？

② 为什么本实验一旦开始测量，中途就不能停顿？为什么实验中秒表不能被卡停？

实验34 电导法测定乙酸的解离度和解离常数

【实验引入】

乙酸（HAc）是一弱电解质，在水溶液达到解离平衡时，其解离常数 $K_a^\ominus$ 与解离度 α 和分析浓度 c 之间有如下关系：

$$HAc \rightleftharpoons H^+ + Ac^-$$

	HAc	H^+	Ac^-
起始浓度（$mol \cdot L^{-1}$）	c	0	0
平衡浓度（$mol \cdot L^{-1}$）	$c - c\alpha$	$c\alpha$	$c\alpha$

$$K_a^\ominus = \frac{[c(H^+)/c^\ominus][c(Ac^-)/c^\ominus]}{c(HAc)/c^\ominus} = \frac{(c/c^\ominus)^2\alpha^2}{(c/c^\ominus)(1-\alpha)} = \frac{(c/c^\ominus)\alpha^2}{1-\alpha} \tag{1}$$

在一定温度下 $K_a^\ominus$ 是常数，因此可以通过测定 HAc 在不同浓度时的 α 代入式(1) 求出 $K_a^\ominus$。

【实验目标】

知识目标 了解溶液电导的基本概念，通过实验了解溶液的电导（G）、摩尔电导率（Λ_m）、弱电解质的电离度（α）、电离常数（K）等概念及它们相互之间的关系；

技能目标 学会 DDS-11D 型电导率仪的使用方法，掌握溶液电导的测定；

价值目标 培养严谨、科学的学习态度。

【实验原理】

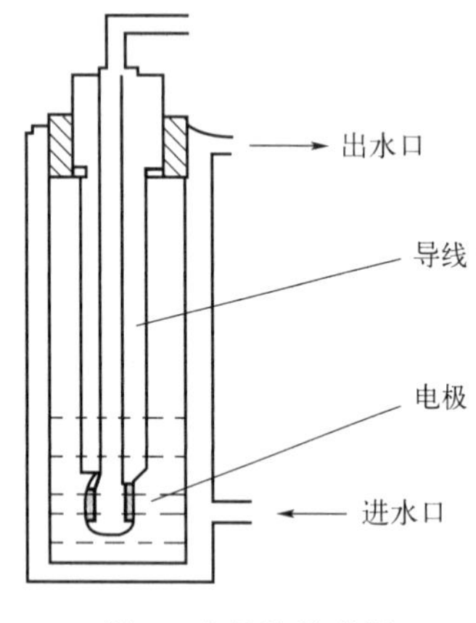

图 1 电导池示意图

乙酸溶液的电离度可用电导法来测定，图 1 是用来测定溶液电导的电导池。电解质溶液的电导，指的是在电解质溶液中正、负离子迁移传递电流的能力。它与离子的运动速度有关，它是由溶液的电阻 R 的倒数来进行度量的，以 G 表示。

将电解质溶液放入电导池内，溶液电导（G）的大小与两电极之间的距离（l）成反比，与电极的面积（A）成正比：

$$G=\kappa \frac{A}{l} \tag{2}$$

式中，A/l 为电导池常数，以 K_{cell} 表示；κ 为电导率，也可称为比电导。其物理意义：在两平行且相距 1m，面积均为1m^2 的两电极间，电解质溶液的电导称为该溶液的电导率。其单位以 SI 制表示为$S \cdot m^{-1}$。

电导池由于电极的 l 和 A 不易精确测量，因此在实验中是用一种已知电导率值的溶液先求出电导池常数 K_{cell}，然后把欲测溶液放入该电导池测出其电导值，再根据式(2) 求出其电导率。

溶液的摩尔电导率是指把含有 1mol 电解质的溶液置于相距为 1m 的两平行板电极之间的电导，以 Λ_m 表示，其单位以 SI 单位制表示为 $S \cdot m^2 \cdot mol^{-1}$。

摩尔电导率与电导率的关系：

$$\Lambda_m=\frac{\kappa}{c} \tag{3}$$

式中，c 为该溶液的浓度，$mol \cdot m^{-3}$。对于弱电解质溶液来说，可以认为：

$$\alpha=\frac{\Lambda_m}{\Lambda_m^{\infty}} \tag{4}$$

Λ_m^{∞} 是溶液在无限稀释时的摩尔电导率。对于强电解质溶液（如 KCl、NaAc），其 Λ_m 和 c 的关系为 $\Lambda_m=\Lambda_m^{\infty}(1-\beta\sqrt{c})$。对于弱电解质（如 HAc 等），$\Lambda_m$ 和 c 则不是线性关系，故它不能像强电解质溶液那样，可以从 Λ_m-$\sqrt{c}$ 的图外推至 $c=0$ 处求得 Λ_m^{∞}。但我们知道，在无限稀释的溶液中，每种离子对电解质的摩尔电导率都有一定的贡献，是独立移动的，不受其他离子的影响，符合独立运动定律。把式(4) 代入式(1) 可得：

$$K_a^{\ominus}=K^{\ominus}=\frac{(c/c^{\ominus})\Lambda_m^2}{\Lambda_m^{\infty}(\Lambda_m^{\infty}-\Lambda_m)} \tag{5}$$

或

$$(c/c^{\ominus})\Lambda_m=(\Lambda_m^{\infty})^2K^{\ominus}\frac{1}{\Lambda_m}-\Lambda_m^{\infty}K^{\ominus} \tag{6}$$

以 $(c/c^{\ominus})\Lambda_m$ 对 $\frac{1}{\Lambda_m}$ 作图，其直线的斜率为 $(\Lambda_m^{\infty})^2K^{\ominus}$，如知道 Λ_m^{∞} 值，就可算出 $K^{\ominus}$。

【仪器及药品】

仪器：DDS-11D型电导率仪、超级恒温水浴、电导池。

药品：0.1000mol·L^{-1}乙酸标准溶液、100mL容量瓶、50mL移液管。

【实验步骤】

1．装配恒温槽

使之恒温在25℃±0.2℃，按图使恒温水流经电导池夹层。

2．溶液的配制

取5个100mL容量瓶，用蒸馏水清洗干净。用50mL移液管准确吸取0.1000mol·L^{-1}乙酸标准溶液置于一100mL容量瓶中，用蒸馏水稀释至刻度即为 $c/2$ 浓度的乙酸溶液。按此法依此类推配制 $c/4$、$c/8$、$c/16$、$c/32$ 浓度的乙酸溶液。

3．选择合适的电导电极

根据所测溶液的电导率大小选用DJS-1型铂黑电极用以测量溶液的电导率，该电极在使用前应在蒸馏水中浸泡24h，使用完毕还要泡在蒸馏水中切勿长时间浸泡于溶液中。

4．电导率 κ 的测定

将电导池和铂黑电极用少量待测溶液洗涤2～3次，最后注入待测溶液。恒温约5min，用电导率仪测其电导率。按由稀到浓的顺序，测定6种不同浓度HAc溶液的电导率。

打开电导率仪开关，预热数分钟，将电导率仪上的电极常数旋钮置于所用的电导电极常数的位置。用校正旋钮校仪器满刻度，将量程开关置于最大档。待溶液的温度稳定后进行测量并逐步将量程开关降到能准确读取电导率值的位置，注意表头的指针读数，如果量程开关置于黑色则需读取表头指针所指的黑色数字，如果量程开关置于红色则需读取表头指针所指的红色数字，并注意其量程读数。

【实验数据记录】

将数据填写在表1中。

表1　实验数据记录表

室温____℃，大气压____kPa，恒温槽温度____℃，电极常数____							
乙酸浓度	$c/32$	$c/16$	$c/8$	$c/4$	$c/2$	c	平均值
$\kappa/S\cdot m^{-1}$							
$\Lambda_m/S\cdot m^2\cdot mol^{-1}$							
$K^{\ominus}=\frac{(c/c^{\ominus})\Lambda_m^2}{\Lambda_m^{\infty}(\Lambda_m^{\infty}-\Lambda_m)}$							

按照公式(6)以 $(c/c^{\ominus})\Lambda_m$ 对 $\frac{1}{\Lambda_m}$ 作图，其直线的斜率为 $(\Lambda_m^{\infty})^2K^{\ominus}$，由此可以算出 $K^{\ominus}$。

【注意事项】

① 电导受温度影响较大，温度偏高时其摩尔电导偏高，温度每升高1℃，电导平均增加1.92%，即 $G_t=G_{298K}[1+0.013(t-25℃)]$。

② 电导池常数（K_{cell}）未测准，则导致被测物的电导率（κ）偏离文献值。溶液电导一

经测定，则κ正比于K_{cell}。即电导池常数测量值偏大，则算得的溶液的溶解度、电离常数都偏大。

③ 电导水的电导大，测量时相对误差也就越大。

④ 实验中所配溶液浓度要准确，尤其是0.1000mol·L^{-1}乙酸标准溶液，电导池须洁净。

【思考题】

① 什么叫溶液的电导、电导率、摩尔电导率？

② 测量一系列不同浓度的溶液的电导率为什么要由稀到浓逐一测量？

③ 本实验为什么要用恒温水浴？

④ 电导池常数的意义是什么？怎样校准它？

实验35 离子迁移数的测定——希托夫法

【实验引入】

在实验“电导法测定乙酸的解离度和解离常数”中，阐述了利用乙酸溶液正负离子的迁移产生溶液电导，来确定该弱电解质在水溶液中的解离平衡常数。

溶液中离子的迁移，除了产生电导之外，其本身也是一个重要的物理化学参数，反映出离子与溶剂的作用力，也称为淌度。而且溶液中该离子的活度也与此密切相关。

实验上，离子迁移数的测量主要有界面移动法和希托夫法两种方法。界面移动法是在细长的玻璃管中，两种溶液形成一个清晰的界面，并被某种指示剂显色。通电之后，因为有离子生成以及湮灭，两种溶液的界面会发生移动。如果该过程电流能保持恒定，由电流及反应的时间，就能很方便地计算出通过的总电量。知晓玻璃管中溶液的变化体积和浓度，则可得出迁移的离子数目，由此能得出该离子的迁移率。此方法操作简捷，但是操作中需要使用到剧毒的Cd^{2+}，存在安全隐患。因此，本书选择了希托夫法进行测量。该方法中，离子迁移管被分为三段，其中两段靠近电极，通电后相关离子浓度会发生改变。而离子迁移管中段与左右段的连接口较细，离子迁移较困难，因此，可以认为是该离子原先的浓度。通电一段时间之后，小心放出阴极（或者阳极）端溶液，滴定分析其与中段部分溶液浓度的差异；称重电极质量变化以确定通过的总电量，由此便可确定出该离子的迁移率。

【实验目标】

知识目标 明确离子迁移数的定义，熟悉在电流通过下，希托夫管中硫酸铜溶液阴阳离子迁移的整体图景；

技能目标 学会希托夫法离子迁移数测定装置的操作，掌握滴定、称量与电化学反应结合的定量分析方法；

价值目标 培养善于观察与总结的科学精神。

【实验原理】

1. *热力学原理*

在希托夫法中，溶液置于阴阳两个电极之间。通电时，离子迁移如图1。

离子迁移的定义如下，设通电情况下，通过总电量为Q，其中，阴阳离子的电量分别为

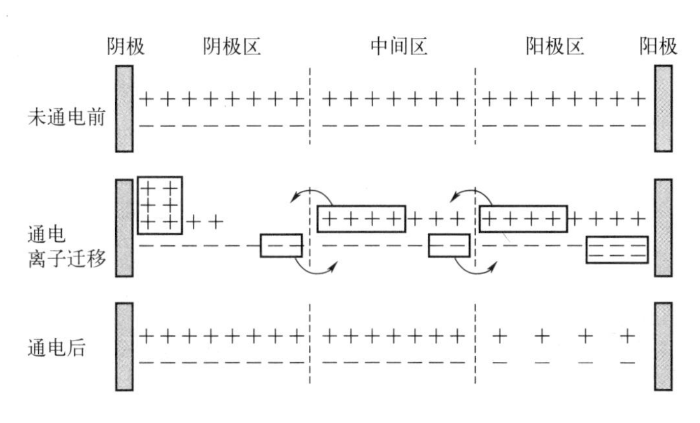

图1　阴极、阳极间离子迁移示意图

q_-和q_+。那么，阴阳离子的迁移率分别表达为：

$$Q=q_+ + q_-$$

$$t_-=\frac{q_-}{Q}$$

$$t_+=\frac{q_+}{Q} \tag{1}$$

易知，$t_+ + t_- =1$。而在本实验中，迁移的阳离子Cu^{2+}会在阴极被还原并沉积，使得阴极质量增加。由阴极Cu单质的沉积量便可得出Q。所以，式(1)中分子分母同乘以法拉第常数，则有：

$$\begin{cases} t_-=\dfrac{\text{阴极区溶质减少的物质的量}}{\text{库仑计中沉积物的物质的量}} \\ t_+=\dfrac{\text{阳极区溶质减少的物质的量}}{\text{库仑计中沉积物的物质的量}} \end{cases} \tag{2}$$

本实验选择阴极作标定，所以：

$$t_-=t_{SO_4^{2-}}=\frac{n_{\text{迁移}SO_4^{2-}}\times 2\times F}{Q_{\text{总}}}$$

$$=\frac{(n_{\text{电解后}SO_4^{2-}}-n_{\text{电解前}SO_4^{2-}})\times 2\times F}{Q_{\text{总}}}=\frac{(n_{\text{电解后}CuSO_4}-n_{\text{电解前}CuSO_4})\times M_{Cu}}{\text{阴极铜片质量增加值}} \tag{3}$$

而

$$t_+=t_{Cu^{2+}}=1-t_{SO_4^{2-}} \tag{4}$$

2. 实验方法

图2为希托夫法离子迁移数测定装置详图，也称为LQY离子迁移数测定装置。

公式(3)中，分母部分，通电前后阴极铜片的增加值，可由分析天平直接称量而获得。

而公式(3)分子部分中通电前后硫酸铜物质的量的变化，则由碘量法滴定操作来确定。将中间区（可视为参照值）以及阴极区的溶液全部取出，放于锥形瓶中，加入过量的KI溶液，该反应定量进行：

$$2Cu^{2+}+4I^- = 2CuI+I_2$$

生成的I_2由已知浓度的硫代硫酸钠溶液滴定，该反应也定量完成：

$$I_2+2S_2O_3^{2-} = S_4O_6^{2-}+2I^-$$

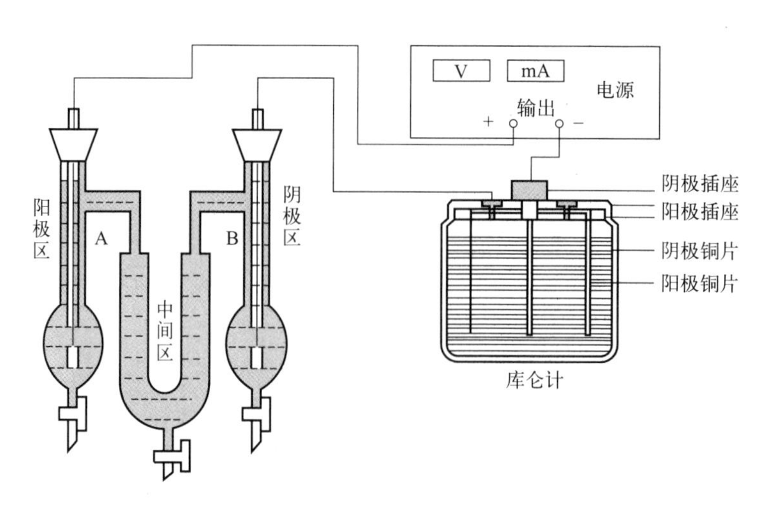

图 2　LQY 离子迁移数测定的装置

所以，通电前后的铜离子物质的量，均等于滴定操作时加入的硫代硫酸钠的物质的量。

【仪器及药品】

仪器：LQY 离子迁移数测定装置一套（图 2）、分析天平、酸式滴定管、250mL 锥形瓶、砂纸、电吹风。

药品：无水乙醇、固体 $CuSO_4 \cdot 5H_2O$、0.05mol · L^{-1} $CuSO_4$ 溶液、浓硫酸、6mol · L^{-1} 硝酸、10% KI 溶液、0.5%淀粉溶液、1mol · L^{-1} 乙酸溶液、0.05mol · L^{-1} 标准硫代硫酸钠溶液。

【实验步骤】

1. 安装仪器

洗净所有的容器，用 0.05mol · L^{-1} $CuSO_4$ 溶液润洗 3 次，然后在迁移管中装入该溶液，迁移管中不应有气泡。

铜电极先用砂纸擦亮，然后在 6mol · L^{-1} 的硝酸中洗涤一下以彻底去除氧化层。用无水乙醇淋洗，并用热风吹干。在分析天平上称重得 m_1。

将库仑计中注入镀铜液（每 100mL 中含有 15g $CuSO_4 \cdot 5H_2O$、5mL 浓硫酸、5mL 乙醇）。将铜片旋紧并插入。

按照图 2 接好装置，接通电源，通过调节使得电流在 10mA 左右。

2. 获取数据

将装置通电 90min，关闭电源，取出阴极的铜片，相继用蒸馏水和无水乙醇淋洗后，用电吹风吹干，在分析天平上称重，得 m_2。

将中间区和阴极区的溶液全部取出，放入 250mL 锥形瓶中，分别加入 10mL 的 10% KI 溶液和 10mL 的 1mol · L^{-1} 乙酸溶液，用标准硫代硫酸钠溶液滴定，滴至淡黄色。加入 1mL 淀粉指示剂，再滴定至紫色消失。

【实验数据记录】

实验数据记录如表 1。

表1 实验数据记录表

室温____℃		大气压____kPa
阴极质量/g	通电前 m_0=____	通电后 m_1=____
阴极区	消耗 $Na_2S_2O_3$ 量____	$n_{电解后CuSO_4}$ ____
中间区	消耗 $Na_2S_2O_3$ 量____	$n_{电解前CuSO_4}$ ____
	$t_{SO_4^{2-}}$ ____	$t_{Cu^{2+}}$ ____

【注意事项】

① 迁移管使用前应检查是否漏液。

② 通电过程中，应尽量避免中间区溶液扩散，因此，迁移管应尽量避免振动。

③ 中间管与阴极管、阳极管连接处不能有气泡。

④ 如果铜片未用砂纸事先磨光，则通电后电流可能太小，从而现象不明显。

⑤ 若镀铜液溅在手上应立即用大量清水冲洗。

【思考题】

① 若通电前后中间区浓度改变，为什么必须重新做实验？

② 如果迁移管中有气泡，对实验有何影响？

实验36 蔗糖水解速率的测定

【实验引入】

动力学上，真正的一级基元反应数量极少。但是，如果采用一些近似条件，很多复合反应，例如药品分解、放射性元素的衰变都可以整体上表观为一级反应。本实验所涉及的蔗糖水解反应即为准一级反应。

一级反应反应速率 v 的表达式为：

$$dc/dt = v = kc^1 = kc \tag{1}$$

由式(1)可知，该反应速率仅与反应物浓度有关，而与产物无关。随着反应的进行，反应物逐渐减少，反应速率逐渐降低。这也是本实验现象之一。

对式(1)积分，则有：

$$\ln(c_0/c_t) = kt \tag{2}$$

式中，c_0 和 c_t 分别是初始浓度和 t 时刻反应物浓度；k 为反应速率常数。所以，使用不同时刻的反应物浓度比值，便可求得速率常数 k。而对于本实验所涉及的蔗糖溶液水解，其反应物和产物均为无色透明，无法通过肉眼来确定反应进度。但由于反应物和产物有着不同的旋光度，且旋光度正比于浓度，所以可通过测量旋光度来标度反应进度。

【实验目标】

知识目标 明确一级反应的表达式以及反应速率的测定方法；

技能目标 掌握旋光仪的操作，学会用古根海姆法并作图处理实验数据获得该温度下的速率常数；

价值目标 培养求真务实的学习态度。

【实验原理】

1. 动力学原理

在氢离子催化下，蔗糖水解反应如下：

$$\underset{蔗糖}{C_{12}H_{22}O_{11}} + H_2O = \underset{葡萄糖}{C_6H_{12}O_6} + \underset{果糖}{C_6H_{12}O_6}$$

反应物和产物均无色透明，但都具有旋光性，摩尔旋光度分别为：$[\alpha_{蔗}]_D^{20}=66.65°$、$[\alpha_{葡}]_D^{20}=52.50°$、$[\alpha_{果}]_D^{20}=-91.90°$。所以，随着水解反应的进行，体系会逐渐由右旋变为左旋。

根据一级反应表达式(2)：$\ln\left(\frac{c_0}{c_t}\right)=kt$，随着反应进行，反应物逐渐消耗殆尽，因此，式(2) 可改写成：

$$\ln\frac{c_0-c_\infty}{c_t-c_\infty}=kt \tag{3}$$

式中，c_∞应为0。

由于物质旋光度正比于其浓度，所以，式(3) 可变为：

$$\ln\frac{\alpha_0-\alpha_\infty}{\alpha_t-\alpha_\infty}=kt \tag{4-a}$$

或

$$\ln(\alpha_t-\alpha_\infty)-\ln(\alpha_0-\alpha_\infty)=-kt \tag{4-b}$$

以$\ln(\alpha_t-\alpha_\infty)$对反应时间 t 作图，如图 1，直线斜率$-k$，而 k 即该反应条件下的速率常数。

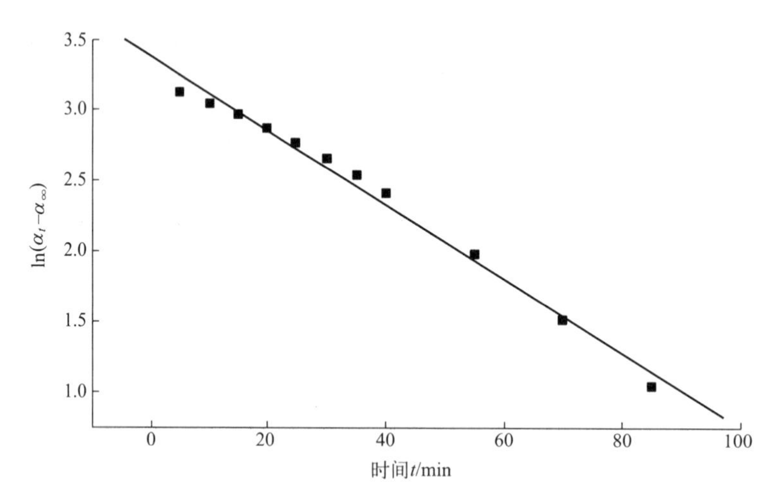

图 1　蔗糖水解速率 $\ln(\alpha_t-\alpha_\infty)$ 对时间 t 作图

需要留意的是，因为反应物和产物的摩尔旋光度并不相等，式(4-a) 或者式(4-b) 中 α_∞并非为 0，因此，需要采用下文所述的方法进行处理。

2. 实际实验测量

整个反应体系放置于旋光仪中，仪器原理如图 2。

旋光仪的结构原理：其光路图如图 2 所示，由钠光源发出的光，经聚光镜、滤色镜、起

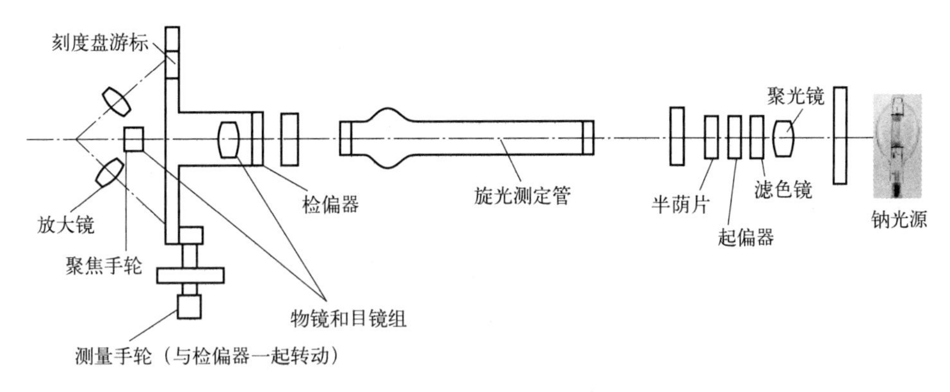

图2 旋光仪结构原理示意图

偏器变为平面偏振光再经半荫片呈现三分视场。当通过含有旋光活性物质的旋光测定管时，偏振面发生旋转，光线经检偏器、物镜和目镜组，通过聚焦手轮可清晰看到三分视场，再通过转动测量手轮使三分视场明暗程度一致。此时，可从放大镜读出刻度盘游标上的旋转角度——旋光度。

整个实验时间并非无限，所以，事实上 α_∞ 难以测量。而且，由于产物葡萄糖含有醛基，故久置反应体系会有氧化等诸多副反应。本实验采用了古根海姆法以规避之。

将式(4-a) 改写成指数形式：

$$\alpha_t-\alpha_\infty=(\alpha_0-\alpha_\infty)e^{-kt} \tag{5}$$

那么，$t+\Delta$ 时刻表达式就应该是：

$$\alpha_{t+\Delta}-\alpha_\infty=(\alpha_0-\alpha_\infty)e^{-k(t+\Delta)} \tag{6}$$

由式(5) 和式(6)，有：

$$\alpha_t-\alpha_{t+\Delta}=(\alpha_0-\alpha_\infty)e^{-kt}(1-e^{-k\Delta}) \tag{7}$$

两端取对数，为：

$$\ln(\alpha_t-\alpha_{t+\Delta})=\ln[(\alpha_0-\alpha_\infty)(1-e^{-k\Delta})]-kt \tag{8}$$

所以，以 $\ln(\alpha_t-\alpha_{t+\Delta})$ 为因变量，反应时间 t 为自变量，便可通过有限时间内测得的数据，作图求斜率，获得反应速率常数 k。

【仪器及药品】

仪器：旋光仪、25mL 移液管、50mL 烧杯、25mL 容量瓶、100mL 锥形瓶、秒表、台秤。

药品：蔗糖、HCl 溶液、蒸馏水。

【实验步骤】

1. 旋光仪校准

将装满蒸馏水的旋光管置于旋光仪中，开亮光源，眼对目镜，旋转检偏镜，同时调整焦距，直至视野亮度均匀（如图3、图4)。观察此时测量的比旋光度是否为0，如果不是，调整到零。

2. 旋光的测量

在小烧杯中利用台秤称取蔗糖约5g，用少量蒸馏水溶解，倒入25mL 容量瓶中，稀释至刻度，然后再倾入100mL 锥形瓶中。用25mL 移液管吸取 $4mol\cdot L^{-1}$ 的盐酸，也倾入该锥形瓶中，混合均匀。

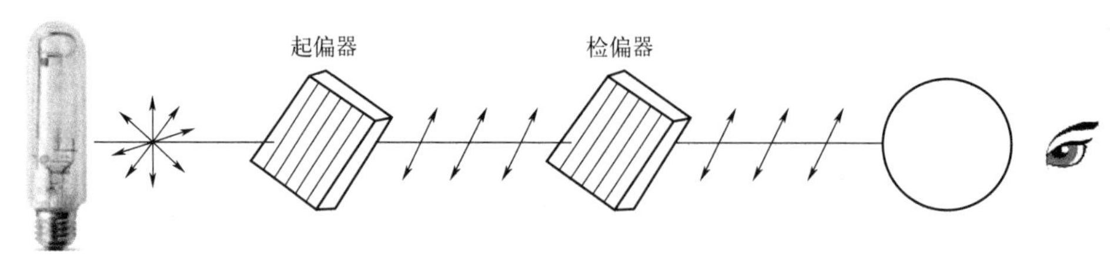

(a) 两个偏振片的方向相互平行，则偏振光可不受阻碍地通过检偏器，观测者在检偏器后可看到明亮的光线图

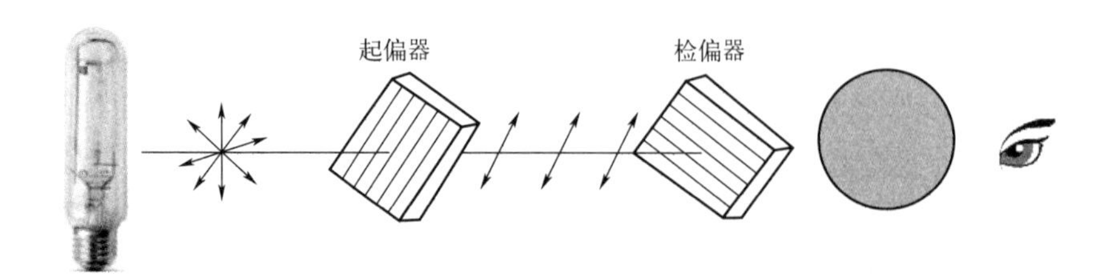

(b) 两个偏振片的方向互为垂直时，则偏振光完全被检偏器阻挡，视野呈现全黑图

图 3　起偏器和检偏器的作用

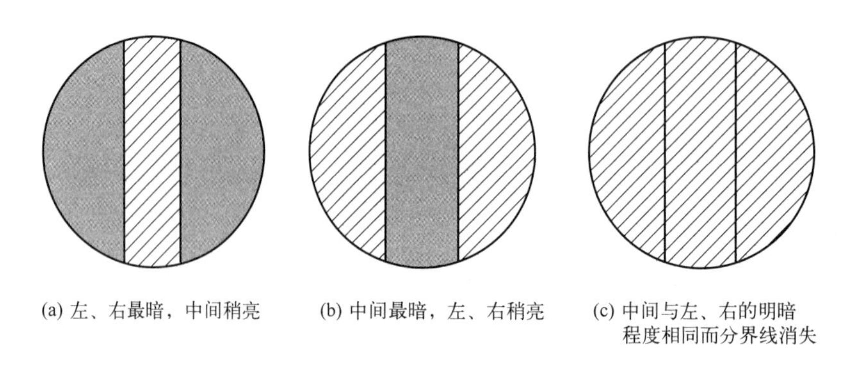

(a) 左、右最暗，中间稍亮　(b) 中间最暗，左、右稍亮　(c) 中间与左、右的明暗程度相同而分界线消失

图 4　检偏镜三分视场的几种情况

然后，尽快将此溶液淌洗旋光管后装满，注意光路上勿有气泡。旋紧管帽后开始测量，之后每 5min 记录一次旋光度，经 1h 后停止实验

最后，用蒸馏水洗净实验中所有玻璃器皿，并将仪器归位。

【实验数据记录】

① 将实验数据记录在表 1 中。

表 1　实验数据记录表

测定体系________　室温______℃　大气压________ kPa					
t/min	α_t	$t+\Delta$/min	$\alpha_{t+\Delta}$	$\alpha_t-\alpha_{t+\Delta}$	$\ln(\alpha_t-\alpha_{t+\Delta})$
5		35			
10		40			
15		45			

续表

测定体系______　室温______℃　大气压______kPa					
t/min	α_t	$t+\Delta$/min	$\alpha_{t+\Delta}$	$\alpha_t-\alpha_{t+\Delta}$	$\ln(\alpha_t-\alpha_{t+\Delta})$
20		50			
25		55			
30		60			

② 以 $\ln(\alpha_t-\alpha_{t+\Delta})$作为 y 轴，反应时间 t 作为 x 轴，绘制出函数关系图，通过斜率求反应速率常数 k。

【注意事项】

① 注意光路勿有气泡，否则干扰读数。

② 该反应为放热反应，如果反应热累积会导致反应逐渐加速，从而线性不佳，故应尽可能让反应在恒定温度下进行。

③ 反应残液含有废酸，会腐蚀旋光管的管帽，实验结束之后应洗净。

【思考题】

① 实验中，为什么要用蒸馏水来校正旋光仪的零点？

② 蔗糖溶液为什么可以粗略配制？

③ 结合有机化学所学到的知识，蔗糖水解反应机理应该如何？为什么可近似为一级反应？

附 录

附录1 常用溶剂的物性常数

溶剂	分子量	沸点/℃	熔点/℃	密度/$(g \cdot mL^{-1})$	闪点/℃	水溶性	溶解性
乙酸	60.05	118	16.6	1.04	39	混溶	溶于水、乙醇、乙醚、甘油，不溶于二硫化碳
丙酮	58.08	56.05	−94.7	0.78	−20	混溶	能与水、乙醇、DMF、氯仿、乙醚及大多数油类混溶
乙腈	41.05	81.65	−43.8	0.79	6	混溶	与水混溶，溶于醇等多数有机溶剂
苯	78.11	80.1	5.5	0.88	−11	0.18	难溶于水，易溶于有机溶剂
1-丁醇	74.12	117.7	−88.6	0.81	37	6.3	微溶于水，溶于乙醇、乙醚等多数有机溶剂
叔丁醇	74.12	82.4	25.7	0.79	11	混溶	能与水及醇、酯、醚、脂肪烃、芳香烃等多种有机溶剂混溶
四氯化碳	153.82	76.8	−22.6	1.59	—	0.08	微溶于水，溶于醇、酮、醚、氯仿等多数有机溶剂
氯苯	112.56	131.7	−45.3	1.11	28	0.05	不溶于水，溶于乙醇、乙醚、氯仿、二硫化碳、苯等多数有机溶剂
三氯甲烷	119.38	61.2	−63.4	1.48	—	0.795	不溶于水，溶于醇、醚、苯
环己烷	84.16	80.7	6.6	0.77	−20	0.0055	不溶于水，溶于乙醇、乙醚、苯、丙酮等多数有机溶剂
乙醚	74.12	34.5	−116.2	0.71	−45	7.5	溶于低碳醇、苯、氯仿、石油醚和油类，微溶于水
二甲基甲酰胺	73.09	153	−60.48	0.94	58	混溶	与水混溶，可混溶于多数有机溶剂
二甲亚砜	78.13	189	18.4	1.09	95	25.3	除石油醚外，可溶于一般有机溶剂
乙醇	46.07	78.5	−114.1	0.79	13	混溶	能与水、氯仿、乙醚、甲醇、丙酮和其他多数有机溶剂混溶

续表

溶剂	分子量	沸点/℃	熔点/℃	密度/($g\cdot mL^{-1}$)	闪点/℃	水溶性	溶解性
乙酸乙酯	88.11	77	−83.6	0.90	−4	8.7	微溶于水，溶于醇、酮、醚、氯仿等多数有机溶剂
乙二醇	62.07	195	−13	1.12	111	混溶	与水、乙醇、丙酮、乙酸、甘油、吡啶等混溶，微溶于乙醚
丙三醇	92.09	290	17.8	1.26	160	混溶	能与水、乙醇混溶
己烷	86.18	69	−95	0.66	−22	0.0014	不溶于水，溶于乙醇、乙醚、丙酮、氯仿等多数有机溶剂
甲醇	32.04	64.6	−98	0.79	12	混溶	能与水、乙醇、乙醚、苯、酮类和大多数其他有机溶剂混溶
二氯甲烷	84.93	39.8	−96.7	1.33	1.6	1.32	微溶于水，溶于乙醇、乙醚等多数有机溶剂
戊烷	72.15	36.1	−129.7	0.63	−49	0.04	微溶于水，溶于乙醇、乙醚、丙酮、苯、氯仿等多数有机溶剂
石油醚	—	30—60	−40	0.66	−30	—	不溶于水，溶于乙醇、苯、氯仿、油类等多数有机溶剂
吡啶	79.1	115.2	−41.6	0.98	17	混溶	能与水、醇、醚、石油醚、苯、油类等多种溶剂混溶
四氢呋喃	72.11	65	−108.4	0.88	−14(闭口闪点)	可溶	溶于水及乙醇、乙醚、丙酮、苯等多数有机溶剂
甲苯	92.14	110.6	−93	0.87	4	0.05	与乙醇、乙醚、丙酮、氯仿、二硫化碳和冰乙酸混溶，极微溶于水
三乙基胺	101.19	88.9	−114.7	0.73	−11	0.02	微溶于水，溶于乙醇、乙醚、丙酮等多数有机溶剂
邻二甲苯	106.17	144	−252	0.90	32	不溶	与乙醇、氯仿或乙醚能任意混合，在水中不溶
间二甲苯	106.17	139.1	−47.8	0.87	27	不溶	与乙醇、氯仿或乙醚能任意混合，在水中不溶
对二甲苯	106.17	138.4	13.3	0.86	27	不溶	与乙醇、氯仿或乙醚能任意混合，在水中不溶
三氟乙酸	114.00	72	−15	1.49	−4	混溶	易溶于水、乙醇、乙醚、丙酮、苯
甲酸	46.00	101	8	1.22	—	混溶	能与水、乙醇、乙醚和甘油任意混溶
乙酸酐	102.00	140	−73	1.08	53	—	溶于乙醇、乙醚、苯
二丁醚	130.23	142	−98	0.77	38	0.03	微溶于水，溶于丙酮、二氯丙烷、汽油，可混溶于乙醇、乙醚
苯甲醚	108.14	154	−38	0.99	—	1.04	微溶于水，溶于乙醇、乙醚等多数有机溶剂
硝基苯	123.00	211	6	1.20	88	0.1	难溶于水，易溶于乙醇、乙醚、苯

附录 2 项目化实验要求

附 2-1 异质性学习小组划分表

专业：________ 班级：________ 小组序号：________

序号	学生姓名	性别	特长	拟担任角色(可担任两个角色)
1			□化学 □计算机 □演讲 □组织能力 □操作动手能力	□组长 □秘书(记录) □摄影师 □评委 □操作师 □汇报员 □数据分析师 □PPT 制作师
2			□化学 □计算机 □演讲 □组织能力 □操作动手能力	□组长 □秘书(记录) □摄影师 □评委 □操作师 □汇报员 □数据分析师 □PPT 制作师
3			□化学 □计算机 □演讲 □组织能力 □操作动手能力	□组长 □秘书(记录) □摄影师 □评委 □操作师 □汇报员 □数据分析师 □PPT 制作师
4			□化学 □计算机 □演讲 □组织能力 □操作动手能力	□组长 □秘书(记录) □摄影师 □评委 □操作师 □汇报员 □数据分析师 □PPT 制作师
5			□化学 □计算机 □演讲 □组织能力 □操作动手能力	□组长 □秘书(记录) □摄影师 □评委 □操作师 □汇报员 □数据分析师 □PPT 制作师
6			□化学 □计算机 □演讲 □组织能力 □操作动手能力	□组长 □秘书(记录) □摄影师 □评委 □操作师 □汇报员 □数据分析师 □PPT 制作师
7			□化学 □计算机 □演讲 □组织能力 □操作动手能力	□组长 □秘书(记录) □摄影师 □评委 □操作师 □汇报员 □数据分析师 □PPT 制作师

附 2-2 项目化教学 学生作品样表

作品 1 任务分工合作表

项目名称				
组长	秘书		组员	
任务	角色与工作内容	姓名	角色任务分值	完成得分
任务一 接受任务、设计方案	原理、性质、用途		3～6 分	
	画操作流程图		3～7 分	
	画装置图		每个图 2 分	
	实验数据记录(拍照)表		每个图片 1 分	
	填写作品/数据表		每个表格 3 分	
	PPT 汇总、美化		5～8 分	
	方案汇报演练人 1		每次讲解 5 分	
	方案汇报演练人 2		每次讲解 5 分	
任务二 方案汇报与评价	方案汇报人(正式)		每次 8～12 分	
	提问准备人 1(2 个问题)		4 分	
	提问准备人 2(2 个问题)		4 分	
	方案汇报评委(2 个问题)		8 分	
	方案汇报记录员(秘书)		10 分	
任务三 实验操作	药品准备、称量、配制		3～4 分	
	仪器准备、洗涤		2～3 分	
	拍摄员(实验数据记录员)		每张图片 1 分	
	装置搭建操作员 1		4～8 分	
	装置搭建操作员 2		4～8 分	
	数据汇总计算分析		6 分	
	仪器药品清理、整理、归还		3～4 分	
任务四 总结汇报与评价	总结 PPT 制作员		8～10 分	
	方案汇报演练人 1		每次讲解 5 分	
	方案汇报演练人 2		每次讲解 5 分	
	总结 PPT 答辩人		每次 8～12 分	
	提问准备人 1(2 个问题)		4 分	
	提问准备人 2(2 个问题)		4 分	
	总结汇报评委(2 个问题)		8 分	
	总结汇报记录员(秘书)		10 分	
其他	其他任务 1		2 分	
	其他任务 2		2 分	

作品 2 方案 PPT 制作基本要求

(各小组完成方案 PPT 电子版)

1. 首页必须包含：项目名称＋方案报告、汇报人姓名、制作人、班级、小组号、小组成员等。

2. 方案 PPT 内容涵盖每个项目化教学实验的关键问题。

3. 方案 PPT 在 15～30 页以内，PPT 讲解时间在 7～15min。
4. 图文并茂，包括装置图、操作流程图、重要现象等，图片必须与内容紧密相关。
5. PPT 字体一般为 24～28 号，清晰可见。
6. 单张 PPT 内文字不可太多，忌满版面文字。
7. 背景与字体颜色对比度必须十分显著，PPT 投影后清晰明了。
8. 鼓励采用逻辑关系图（流程图、层次结构图、逻辑关系图、循环图、矩阵图等）。
9. 鼓励采用动画、动态图、经典视频（视频长度一般不超过 3min）。
10. PPT 报告人必须在组内试讲演练 2～3 次，并将试讲视频发给指定老师评价。
11. 方案 PPT 示例模板：

第 1 页　**项目名称：××××　方案报告**
汇报人：×××　制作人：×××　班级：×××
小组号：第×小组
组长：×××　秘书：×××　评委员：×××　成员：×××
第 2～4 页　目标化合物的主要物理和化学性质。
第 5～7 页　目标化合物的主要工业合成方法（包括方法名称、原料、流程图）。
第 8 页　主要实验仪器、药品（画表格）。
第 9 页　实验装置图（包括装置名称、主要仪器名称）。
第 10～13 页　实验操作流程（包括实验制备流程图、分离/提纯/干燥流程图、药品用量、各物质的作用）。
第 14 页　产品纯度分析鉴定（包括测定熔沸点、折射率、颜色状态、晶型和红外光谱测定）。
第 15 页　实验现象及现象记录表（空表格）。
第 16 页　实验主要事项。

作品 3　方案 PPT 汇报互评表

组号：____组　评分人姓名：__________　报告日期：20______年____月____日

第____项目		项目名称							
班级			指导老师						
汇报小组序号			1 组	2 组	3 组	4 组	5 组	6 组	…
报告人姓名									
PPT 制作	基础分 72	内容正确全面 8 分							
		逻辑清晰 8 分							
		概念、文字、符号正确 8 分							
		PPT 不少于 15 张 8 分							
		制备、纯化原理 8 分							
		操作流程图 8 分							
		制备和提出装置图 8 分							
		观察记录要点表 8 分							
		清楚美观 8 分							
	亮点加分	视频＋6 分/个							
		flash 动画＋3 分/个							
		相关图片＋2 分/个							
		操作流程图＋5 分/个							
		其他加分（最高＋5 分）							

续表

第____项目		项目名称							
班级			指导老师						
汇报小组序号			1组	2组	3组	4组	5组	6组	…
报告人姓名									
PPT制作	错误扣分	错别字－1分/个							
		上下标错－2分/个							
		错/少方程式－5分/个							
		计算公式－3分/个							
		预备知识－2分/个							
		药品仪器准备－2分/个							
		其他扣分(最高－10分)							
内容讲解	基础分50	讲解准确流畅10分							
		重点突出10分							
		声音洪亮10分							
		时间7～15min 10分							
		回答问题正确10分							
	加分	小组配合密切＋8分							
		其他加分(最高＋10分)							
	扣分	超时－1分/min							
		不熟、读PPT －10分							
		只翻PPT、不讲解－10分							
		讲解错误－2分/个							
		不文明语言－10分							
		其他扣分(最高－10分)							
小组方案报告总分									

作品4　方案PPT汇报记录表

项目名称					
报告人				起止时间	____时____分～____时____分 时长________分钟
知识性问题	问题	提问人	提问内容	回答人	回答情况
	问题1				
	问题2				
	问题3				

续表

<table>
<tr><td colspan="2">项目名称</td><td colspan="5"></td></tr>
<tr><td colspan="2">报告人</td><td colspan="2"></td><td>起止时间</td><td colspan="2">____时____分～____时____分
时长________分钟</td></tr>
<tr><td rowspan="3">知识性问题</td><td>问题</td><td>提问人</td><td>提问内容</td><td>回答人</td><td colspan="2">回答情况</td></tr>
<tr><td>问题 4</td><td></td><td></td><td></td><td colspan="2"></td></tr>
<tr><td>问题 5</td><td></td><td></td><td></td><td colspan="2"></td></tr>
<tr><td rowspan="5">修改性问题</td><td>问题</td><td>提出人</td><td>问题内容</td><td>问题</td><td>提出人</td><td>问题内容</td></tr>
<tr><td>问题 1</td><td></td><td></td><td>问题 1</td><td></td><td></td></tr>
<tr><td>问题 2</td><td></td><td></td><td>问题 2</td><td></td><td></td></tr>
<tr><td>问题 3</td><td></td><td></td><td>问题 3</td><td></td><td></td></tr>
<tr><td>问题 4</td><td></td><td></td><td>问题 4</td><td></td><td></td></tr>
</table>

作品 5　实验过程数据记录表

见各实验正文任务 3 中的作品 5，完成后需要拍照加入总结 PPT。

作品 6　总结 PPT 制作基本要求

（各小组完成总结 PPT 电子版）

1. 首页必须包含：项目名称＋总结报告、汇报人姓名、制作人、班级、小组号、小组成员等。
2. 总结 PPT 在 10～20 页，PPT 讲解时间在 7～15min。
3. 总结 PPT 内容涵盖整个实际实验过程，与方案 PPT 基本不重复。
4. PPT 报告图文并茂，包括自己搭建并拍摄的装置图，画的操作流程图，拍摄的重要现象，拍摄体积、质量、颜色变化等关键数据或现象照片，以及拍摄填写好的实验过程数据及现象记录表（作品 5）等，图片下面必须注释图片的名称，图片必须与内容紧密相关。
5. PPT 字体一般为 24～28 号，清晰可见。
6. 单张 PPT 内文字不可太多，忌满版面文字。
7. 背景与字体颜色对比度必须十分显著，PPT 投影后清晰明了。
8. 鼓励自己制作动画、动态图、拍摄典型现象微视频（视频长度一般不超过 1min）。
9. 总结 PPT 需加入实验现象和实验结果的原因分析。
10. 总结 PPT 需加入实验感想感言和建议。
11. PPT 报告人必须在组内试讲演练 2～3 遍，并将试讲视频发给指导老师评阅。
12. 总结 PPT 示例模板：

第 1 页　项目名称：××××　总结报告
汇报人：×××　制作人：×××
班级：×××　　小组号：第×小组
组长：×××　　秘书：×××　评委员：×××　成员：×××
第 2～3 页　原料的称量照片。
第 4～7 页　搭建的主要装置(拍摄照片)。
第 8 页　用拍摄的照片或装置画实验流程图。
第 9 页　填写完成的实验现象与数据及实验数据记录表(拍摄照片)。
第 10 页　实验现象、产品照片、数据分析、实验成功/失败分析与结果讨论。
第 11 页　产品纯度分析鉴定(测定熔点/沸点/折射率/颜色/晶型/红外光谱)。
第 12 页　补充或需要强调的实验主要事项。
第 13 页　实验感想与建议。

作品 7　总结 PPT 汇报互评表

组号：______组　评分人姓名：______　报告日期：20______年____月____日

第____项目		项目名称							
班级			指导老师						
汇报小组序号			1 组	2 组	3 组	4 组	5 组	6 组	…
报告人姓名									
PPT 制作	基础分 64	内容正确全面 8 分							
		逻辑清晰 8 分							
		概念、文字、符号正确 8 分							
		PPT 不少于 15 张 8 分							
		制备、纯化原理 8 分							
		制备、提纯装置照片 8 分							
		观察记录要点表照片 8 分							
		清楚美观 8 分							
	亮点加分	视频＋6 分/个							
		相关图片＋2 分/个							
		操作流程图＋5 分/个							
		其他加分(最高＋5 分)							
	错误扣分	错别字－1 分/个							
		上下标错－2 分/个							
		错/少方程式－5 分/个							
		计算公式－3 分/个							
		拓展知识－2 分/个							
		药品仪器准备－2 分/个							
		其他扣分(最高－10 分)							

续表

<table>
<tr><td colspan="3">第____项目</td><td>项目名称</td><td colspan="7"></td></tr>
<tr><td colspan="3">班级</td><td></td><td>指导老师</td><td colspan="6"></td></tr>
<tr><td colspan="4">汇报小组序号</td><td>1 组</td><td>2 组</td><td>3 组</td><td>4 组</td><td>5 组</td><td>6 组</td><td>…</td></tr>
<tr><td colspan="4">报告人姓名</td><td></td><td></td><td></td><td></td><td></td><td></td><td></td></tr>
<tr><td rowspan="13">内容讲解</td><td rowspan="5">基础分50</td><td colspan="2">讲解准确流畅 10 分</td><td></td><td></td><td></td><td></td><td></td><td></td><td></td></tr>
<tr><td colspan="2">重点突出 10 分</td><td></td><td></td><td></td><td></td><td></td><td></td><td></td></tr>
<tr><td colspan="2">声音洪亮 10 分</td><td></td><td></td><td></td><td></td><td></td><td></td><td></td></tr>
<tr><td colspan="2">时间 7～15min 10 分</td><td></td><td></td><td></td><td></td><td></td><td></td><td></td></tr>
<tr><td colspan="2">回答问题正确 10 分</td><td></td><td></td><td></td><td></td><td></td><td></td><td></td></tr>
<tr><td rowspan="2">加分</td><td colspan="2">小组配合密切＋8 分</td><td></td><td></td><td></td><td></td><td></td><td></td><td></td></tr>
<tr><td colspan="2">其他加分(最高＋10 分)</td><td></td><td></td><td></td><td></td><td></td><td></td><td></td></tr>
<tr><td rowspan="6">扣分</td><td colspan="2">超时－1 分/min</td><td></td><td></td><td></td><td></td><td></td><td></td><td></td></tr>
<tr><td colspan="2">不熟、读 PPT －10 分</td><td></td><td></td><td></td><td></td><td></td><td></td><td></td></tr>
<tr><td colspan="2">只翻 PPT、不讲解－10 分</td><td></td><td></td><td></td><td></td><td></td><td></td><td></td></tr>
<tr><td colspan="2">讲解错误－2 分/个</td><td></td><td></td><td></td><td></td><td></td><td></td><td></td></tr>
<tr><td colspan="2">不文明语言－10 分</td><td></td><td></td><td></td><td></td><td></td><td></td><td></td></tr>
<tr><td colspan="2">其他扣分(最高－10 分)</td><td></td><td></td><td></td><td></td><td></td><td></td><td></td></tr>
<tr><td colspan="4">各小组总结报告总分</td><td></td><td></td><td></td><td></td><td></td><td></td><td></td></tr>
</table>

作品 8　总结 PPT 汇报记录表

<table>
<tr><td colspan="2">项目名称</td><td colspan="4"></td></tr>
<tr><td colspan="2">报告人</td><td colspan="2"></td><td>起止时间</td><td>____时____分～____时____分
时长________分钟</td></tr>
<tr><td rowspan="6">知识性问题</td><td>问题</td><td>提问人</td><td>提问内容</td><td>回答人</td><td>回答情况</td></tr>
<tr><td>问题 1</td><td></td><td></td><td></td><td></td></tr>
<tr><td>问题 2</td><td></td><td></td><td></td><td></td></tr>
<tr><td>问题 3</td><td></td><td></td><td></td><td></td></tr>
<tr><td>问题 4</td><td></td><td></td><td></td><td></td></tr>
<tr><td>问题 5</td><td></td><td></td><td></td><td></td></tr>
</table>

续表

项目名称						
报告人				起止时间	___时___分～___时___分 时长_______分钟	
修改性问题	问题	提出人	问题内容	问题	提出人	问题内容
	问题1			问题1		
	问题2			问题2		
	问题3			问题3		
	问题4			问题4		

作品9　个人贡献自评表

_______________组				报告日期:20_____年___月___日				
个人贡献项目内容		组长	秘书	汇报人	成员	成员	成员	成员
个人贡献总分								
角色	组长10分		—					
	秘书10分	—						
方案设计与汇报	制作PPT(总分15分)							
	汇总PPT(总分4分)							
	美化PPT(总分4分)							
	修改PPT(总分4分)							
	PPT讲解视频(5分/人)							
	提问准备(2分/问)							
	答辩人(10分)							
	提问(3分/问)							
	问题回答(3分/问)							
	学生评委8分							
实验过程	药品准备、称量8分							
	仪器准备、洗涤5分							
	拍摄/记录2分/张							
	装置1搭建8分							
	装置2搭建8分							
	数据汇总计算分析6分							
	仪器药品整理归还4分							

续表

______组				报告日期：20____年___月___日				
个人贡献项目内容		组长	秘书	汇报人	成员	成员	成员	成员
个人贡献总分								
总结报告答辩	制作 PPT(总分 15 分)							
	汇总 PPT(总分 4 分)							
	美化 PPT(总分 4 分)							
	修改 PPT(总分 4 分)							
	PPT 讲解视频(5 分/人)							
	提问准备(2 分/问)							
	答辩人(10 分)							
	提问(3 分/问)							
	问题回答(3 分/问)							
	学生评委 8 分							
加分	操作视频录制剪辑 20 分/个							
	实验错误后纠错 5 分/次							
	其他加分(最高 5 分)							
扣分	迟到/早退－2.5 分/min							
	损坏仪器－5 分/件							
	乱倒废液－10 分/次							
	玩游戏等－10 分/次							
	语言不文明－10 分							
	其他扣分(最高－10 分)							

作品 10　项目小组得分表

实验名称：__________　专业：______班　第____小组　20____年___月___日

小组	评价	第______小组成绩			
		方案	总结	作品	
第 小组	互评 1			作品 1　任务分工合作表　20％	
	互评 2			方案 PPT 演练视频　20％	
	互评 3			作品 4　方案 PPT 汇报记录表　10％	
	互评 4			作品 5　实验过程数据记录表　20％	
	互评 5			总结 PPT 演练视频　20％	
	互评 6			作品 8　总结 PPT 汇报记录表　10％	
	互评平均 40％				
	老师评定 60％				
	小计			—	
	比例	30％	30％	—	40％
	总评				

作品 11　课程总评成绩统计表

第____小组				小组得分	个人得分		总评得分
项目	序号	主要角色	姓名	互评＋师评＋作品 50%	个人贡献-自评 30%	在线学习 20%	综合评定
项目一	1	组长					
	2	秘书					
	3	方案汇报					
	4	方案评委					
	5	总结汇报					
	6	总结评委					
	7						
项目二	1	组长					
	2	秘书					
	3	方案汇报					
	4	方案评委					
	5	总结汇报					
	6	总结评委					
	7						
项目三	1	组长					
	2	秘书					
	3	方案汇报					
	4	方案评委					
	5	总结汇报					
	6	总结评委					
	7						

课程总评成绩	序号	学生姓名	项目 1 得分 40%	项目 2 得分 30%	项目 3 得分 30%	课程总评成绩
	1					
	2					
	3					
	4					
	5					
	6					
	7					

参 考 文 献

［1］ 兰州大学．有机化学实验［M］.4版．北京：高等教育出版社，2017.

［2］ 北京大学．有机化学实验［M］.3版．北京：北京大学出版社，2015.

［3］ 王玉良，陈静蓉．有机化学实验［M］.北京：科学出版社，2021.

［4］ 刘湘，刘士荣．有机化学实验［M］.北京：化学工业出版社，2020.

［5］ 肖秀婵，张燕，阳丽．工科化学实验Ⅰ：无机及分析化学实验［M］.北京：化学工业出版社，2022.

［6］ 唐林，刘红天，温会玲．物理化学实验［M］.北京：化学工业出版社，2018.

［7］ 罗澄源，向明礼．物理化学实验［M］.北京：高等教育出版社，2004.

［8］ 唐林，孟阿兰，刘红天．物理化学实验［M］.北京：化学工业出版社，2008.

元素周期表

IUPAC 2013

氧化态(单质的氧化态为0，未列入；常见的为红色) — 原子序数；元素符号(红色的为放射性元素)；元素名称(注▴的为人造元素)；价层电子构型

以 ^{12}C=12为基准的原子量(注✦的是半衰期最长同位素的原子量)

示例：+2 +3 +4 +5 +6 **95** Am 镅▴ $5f^77s^2$ 243.06138(2)✦

s区元素　p区元素　d区元素　ds区元素　f区元素　稀有气体

周期＼族	1 ⅠA	2 ⅡA	3 ⅢB	4 ⅣB	5 ⅤB	6 ⅥB	7 ⅦB	8 ⅧB(Ⅷ)	9 ⅧB(Ⅷ)	10 ⅧB(Ⅷ)	11 ⅠB	12 ⅡB	13 ⅢA	14 ⅣA	15 ⅤA	16 ⅥA	17 ⅦA	18 ⅧA(0)	电子层
1	−1 +1 **1** H 氢 $1s^1$ 1.008																	**2** He 氦 $1s^2$ 4.002602(2)	K
2	+1 **3** Li 锂 $2s^1$ 6.94	+2 **4** Be 铍 $2s^2$ 9.0121831(5)											+3 **5** B 硼 $2s^22p^1$ 10.81	−4 +2 +4 **6** C 碳 $2s^22p^2$ 12.011	−3 −2 −1 +1 +2 +3 +4 +5 **7** N 氮 $2s^22p^3$ 14.007	−2 −1 **8** O 氧 $2s^22p^4$ 15.999	−1 **9** F 氟 $2s^22p^5$ 18.998403163(6)	**10** Ne 氖 $2s^22p^6$ 20.1797(6)	L K
3	−1 +1 **11** Na 钠 $3s^1$ 22.98976928(2)	+2 **12** Mg 镁 $3s^2$ 24.305											+3 **13** Al 铝 $3s^23p^1$ 26.9815385(7)	−4 +2 +4 **14** Si 硅 $3s^23p^2$ 28.085	−3 −2 +1 +3 +5 **15** P 磷 $3s^23p^3$ 30.973761998(5)	−2 +2 +4 +6 **16** S 硫 $3s^23p^4$ 32.06	−1 +1 +3 +5 +7 **17** Cl 氯 $3s^23p^5$ 35.45	**18** Ar 氩 $3s^23p^6$ 39.948(1)	M L K
4	−1 +1 **19** K 钾 $4s^1$ 39.0983(1)	+2 **20** Ca 钙 $4s^2$ 40.078(4)	+3 **21** Sc 钪 $3d^14s^2$ 44.955908(5)	−1 0 +2 +3 +4 **22** Ti 钛 $3d^24s^2$ 47.867(1)	0 ±1 +2 +3 +4 +5 **23** V 钒 $3d^34s^2$ 50.9415(1)	−3 0 ±1 ±2 +3 +4 +5 +6 **24** Cr 铬 $3d^54s^1$ 51.9961(6)	−2 0 ±1 +2 +3 +4 +5 +6 +7 **25** Mn 锰 $3d^54s^2$ 54.938044(3)	−2 0 ±1 +2 +3 +4 +5 +6 **26** Fe 铁 $3d^64s^2$ 55.845(2)	0 ±1 +2 +3 +4 +5 **27** Co 钴 $3d^74s^2$ 58.933194(4)	0 ±1 +2 +3 +4 **28** Ni 镍 $3d^84s^2$ 58.6934(4)	+1 +2 +3 +4 **29** Cu 铜 $3d^{10}4s^1$ 63.546(3)	+1 +2 **30** Zn 锌 $3d^{10}4s^2$ 65.38(2)	+1 +3 **31** Ga 镓 $4s^24p^1$ 69.723(1)	+2 +4 **32** Ge 锗 $4s^24p^2$ 72.630(8)	−3 +3 +5 **33** As 砷 $4s^24p^3$ 74.921595(6)	−2 +2 +4 +6 **34** Se 硒 $4s^24p^4$ 78.971(8)	−1 +1 +3 +5 +7 **35** Br 溴 $4s^24p^5$ 79.904	+2 +4 **36** Kr 氪 $4s^24p^6$ 83.798(2)	N M L K
5	−1 +1 **37** Rb 铷 $5s^1$ 85.4678(3)	+2 **38** Sr 锶 $5s^2$ 87.62(1)	+3 **39** Y 钇 $4d^15s^2$ 88.90584(2)	+1 +2 +3 +4 **40** Zr 锆 $4d^25s^2$ 91.224(2)	0 ±1 +2 +3 +4 +5 **41** Nb 铌 $4d^45s^1$ 92.90637(2)	0 ±1 ±2 +3 +4 +5 +6 **42** Mo 钼 $4d^55s^1$ 95.95(1)	0 ±1 +2 +3 +4 +5 +6 +7 **43** Tc 锝▴ $4d^55s^2$ 97.90721(3)✦	0 +1 ±2 +3 +4 +5 +6 +7 +8 **44** Ru 钌 $4d^75s^1$ 101.07(2)	0 ±1 +2 +3 +4 +5 +6 **45** Rh 铑 $4d^85s^1$ 102.90550(2)	0 +1 +2 +3 +4 **46** Pd 钯 $4d^{10}$ 106.42(1)	+1 +2 +3 **47** Ag 银 $4d^{10}5s^1$ 107.8682(2)	+1 +2 **48** Cd 镉 $4d^{10}5s^2$ 112.414(4)	+1 +3 **49** In 铟 $5s^25p^1$ 114.818(1)	+2 +4 **50** Sn 锡 $5s^25p^2$ 118.710(7)	−3 +3 +5 **51** Sb 锑 $5s^25p^3$ 121.760(1)	−2 +2 +4 +6 **52** Te 碲 $5s^25p^4$ 127.60(3)	−1 +1 +3 +5 +7 **53** I 碘 $5s^25p^5$ 126.90447(3)	+2 +4 +6 +8 **54** Xe 氙 $5s^25p^6$ 131.293(6)	O N M L K
6	−1 +1 **55** Cs 铯 $6s^1$ 132.90545196(6)	+2 **56** Ba 钡 $6s^2$ 137.327(7)	**57~71** La~Lu 镧系	+1 +2 +3 +4 **72** Hf 铪 $5d^26s^2$ 178.49(2)	0 ±1 +2 +3 +4 +5 **73** Ta 钽 $5d^36s^2$ 180.94788(2)	0 ±1 ±2 +3 +4 +5 +6 **74** W 钨 $5d^46s^2$ 183.84(1)	0 ±1 +2 +3 +4 +5 +6 +7 **75** Re 铼 $5d^56s^2$ 186.207(1)	0 +1 +2 +3 +4 +5 +6 +7 +8 **76** Os 锇 $5d^66s^2$ 190.23(3)	0 ±1 +2 +3 +4 +5 +6 **77** Ir 铱 $5d^76s^2$ 192.217(3)	0 +2 +4 +5 +6 **78** Pt 铂 $5d^96s^1$ 195.084(9)	+1 +2 +3 +5 **79** Au 金 $5d^{10}6s^1$ 196.966569(5)	+1 +2 +3 **80** Hg 汞 $5d^{10}6s^2$ 200.592(3)	+1 +3 **81** Tl 铊 $6s^26p^1$ 204.38	+2 +4 **82** Pb 铅 $6s^26p^2$ 207.2(1)	−3 +3 +5 **83** Bi 铋 $6s^26p^3$ 208.98040(1)	−2 +2 +4 +6 **84** Po 钋 $6s^26p^4$ 208.98243(2)✦	±1 +5 +7 **85** At 砹 $6s^26p^5$ 209.98715(5)✦	+2 **86** Rn 氡 $6s^26p^6$ 222.01758(2)✦	P O N M L K
7	+1 **87** Fr 钫▴ $7s^1$ 223.01974(2)✦	+2 **88** Ra 镭 $7s^2$ 226.02541(2)✦	**89~103** Ac~Lr 锕系	**104** Rf 𬬻▴ $6d^27s^2$ 267.122(4)✦	**105** Db 𬭊▴ $6d^37s^2$ 270.131(4)✦	**106** Sg 𬭳▴ $6d^47s^2$ 269.129(3)✦	**107** Bh 𬭛▴ $6d^57s^2$ 270.133(2)✦	**108** Hs 𬭶▴ $6d^67s^2$ 270.134(2)✦	**109** Mt 鿏▴ $6d^77s^2$ 278.156(5)✦	**110** Ds 𫟼▴ 281.165(4)✦	**111** Rg 𬬭▴ 281.166(6)✦	**112** Cn 鿔▴ 285.177(4)✦	**113** Nh 鿭▴ 286.182(5)✦	**114** Fl 𫓧▴ 289.190(4)✦	**115** Mc 镆▴ 289.194(6)✦	**116** Lv 𫟷▴ 293.204(4)✦	**117** Ts 石田▴ 293.208(6)✦	**118** Og 气奥▴ 294.214(5)✦	Q P O N M L K

★ 镧系	+3 **57** La★ 镧 $5d^16s^2$ 138.90547(7)	+2 +3 +4 **58** Ce 铈 $4f^15d^16s^2$ 140.116(1)	+3 +4 **59** Pr 镨 $4f^36s^2$ 140.90766(2)	+2 +3 +4 **60** Nd 钕 $4f^46s^2$ 144.242(3)	+3 **61** Pm 钷▴ $4f^56s^2$ 144.91276(2)✦	+2 +3 **62** Sm 钐 $4f^66s^2$ 150.36(2)	+2 +3 **63** Eu 铕 $4f^76s^2$ 151.964(1)	+3 **64** Gd 钆 $4f^75d^16s^2$ 157.25(3)	+3 +4 **65** Tb 铽 $4f^96s^2$ 158.92535(2)	+3 +4 **66** Dy 镝 $4f^{10}6s^2$ 162.500(1)	+3 **67** Ho 钬 $4f^{11}6s^2$ 164.93033(2)	+3 **68** Er 铒 $4f^{12}6s^2$ 167.259(3)	+2 +3 **69** Tm 铥 $4f^{13}6s^2$ 168.93422(2)	+2 +3 **70** Yb 镱 $4f^{14}6s^2$ 173.045(10)	+3 **71** Lu 镥 $4f^{14}5d^16s^2$ 174.9668(1)
★ 锕系	+3 **89** Ac★ 锕 $6d^17s^2$ 227.02775(2)✦	+3 +4 **90** Th 钍 $6d^27s^2$ 232.0377(4)	+3 +4 +5 **91** Pa 镤 $5f^26d^17s^2$ 231.03588(2)	+3 +4 +5 +6 **92** U 铀 $5f^36d^17s^2$ 238.02891(3)	+3 +4 +5 +6 +7 **93** Np 镎 $5f^46d^17s^2$ 237.04817(2)✦	+3 +4 +5 +6 +7 **94** Pu 钚 $5f^67s^2$ 244.06421(4)✦	+2 +3 +4 +5 +6 **95** Am 镅▴ $5f^77s^2$ 243.06138(2)✦	+3 +4 **96** Cm 锔▴ $5f^76d^17s^2$ 247.07035(3)✦	+3 +4 **97** Bk 锫▴ $5f^97s^2$ 247.07031(4)✦	+2 +3 +4 **98** Cf 锎▴ $5f^{10}7s^2$ 251.07959(3)✦	+2 +3 **99** Es 锿▴ $5f^{11}7s^2$ 252.0830(3)✦	+2 +3 **100** Fm 镄▴ $5f^{12}7s^2$ 257.09511(5)✦	+2 +3 **101** Md 钔▴ $5f^{13}7s^2$ 258.09843(3)✦	+2 +3 **102** No 锘▴ $5f^{14}7s^2$ 259.1010(7)✦	+3 **103** Lr 铹▴ $5f^{14}6d^17s^2$ 262.110(2)✦